气固流化床颗粒停留时间调控理论及应用

Regulation of Particles Residence Time
in Gas-Solids Fluidized Bed: Theory and Application

朱庆山　李洪钟　邹　正　著

化学工业出版社

·北京·

内 容 简 介

本书作为气固流态化学科领域中关于颗粒停留时间调控方面的专著，着重分析了停留时间调控对于流态化固相加工过程的重要性，介绍了流化床中颗粒停留时间的测定方法，阐述了横向、纵向内构件与鼓泡-快速复合床型对颗粒停留时间的调控效果，建立了宽筛分各粒级颗粒平均停留时间的预测模型与 CFD 计算方法，总结了作者多年来采用停留时间调控理论在多钒酸铵还原制备三氧化二钒、难选铁矿磁化焙烧、低品位锰矿还原、氢氧化铝煅烧制备 α-氧化铝等多项流态化工业应用中的典型成果。

本书可供化工、冶金、石油、热能等学科从事流态化科学技术研究和设计开发的科研人员、工程技术人员以及高等院校相关专业的教师、研究生参考阅读。

图书在版编目（CIP）数据

气固流化床颗粒停留时间调控理论及应用/朱庆山，

李洪钟，邹正著 . —北京：化学工业出版社，2020.11（2023.7重印）

ISBN 978-7-122-38000-5

Ⅰ.①气… Ⅱ.①朱…②李…③邹… Ⅲ.①流化

床-分选技术 Ⅳ.①TQ051.1

中国版本图书馆 CIP 数据核字（2020）第 229940 号

责任编辑：张　艳　　　　　　　　　装帧设计：王晓宇

责任校对：赵懿桐

出版发行：化学工业出版社（北京市东城区青年湖南街 13 号　邮政编码 100011）

印　　装：北京虎彩文化传播有限公司

710mm×1000mm　1/16　印张 12½　字数 212 千字　　2023 年 7 月北京第 1 版第 2 次印刷

购书咨询：010-64518888　　　　　　售后服务：010-64518899

网　　址：http://www.cip.com.cn

凡购买本书，如有缺损质量问题，本社销售中心负责调换。

定　　价：98.00 元　　　　　　　　　　　　　　版权所有　违者必究

前 言

　　气固流化床反应器在化工、冶金、能源等领域有着非常广泛的应用，根据加工对象的不同可将气固流化床应用大致分为两类，一类是气相加工过程，流化床中固体颗粒是催化剂，这类过程在化学工业中应用十分广泛，如石油催化裂化、丁烯氧化脱氢、甲醇制烯烃等过程。另一类为固相加工过程，流化床中的固体颗粒本身为被加工对象，这类过程在矿业、冶金和能源领域应用较为广泛，如流化床化学气相沉积制备多晶硅、氯化法钛白粉、氢氧化铝煅烧、硫铁矿煅烧、循环流化床煤燃烧等过程。停留时间是过程开发和流化床反应器设计的重要参数，停留时间调控更是过程优化的关键，不同过程对停留时间控制的关注点也不尽相同，对固相加工过程而言，更关注固体颗粒停留时间的控制。

　　固相加工过程按颗粒变化可分为不同类型，比如颗粒尺寸变小，颗粒尺寸变大和颗粒尺寸基本不变等，每一类过程都有其自身的特点。气固流化床也广泛应用于加工各种矿物，这类过程有两个显著的特点，一是加工过程颗粒尺寸基本不变，固体颗粒在流化床中或被氧化，或被还原，或者发生分解，这类反应过程可用缩核模型来表示；二是矿物粉体普遍具有粒径宽筛分特性，矿石经磨矿处理后粒径分布往往都比较宽，最粗颗粒与最细颗粒粒径相差 5~6 倍较为常见，粗、细粒径相差 10 倍也不罕见。矿粉颗粒的宽筛分特性给颗粒停留时间控制带来挑战，因为颗粒尺寸不同，其所需的完全反应转化时间必然不同，小颗粒需要较短的停留时间，而大颗粒需要较长的停留时间，这就需要所设计的流化床反应器能够分别满足大小不同粒度颗粒的停留时间需求，这样才能实现粗、细颗粒的同步转化，否则就会降低反应过程的转化率和选择性，影响设备的生产能力和产品质量。

　　就气固流化床内的两相流流型分类而论，可分为活塞流、全混流和介于两者之间的半混流。由于存在气固流的返混，活塞流在气固流化床中较难做到，仅可通过添加内构件等措施使其向活塞流型逼近。以往文献中关于气固流化床颗粒停留时间的研究，一般将粉体当作一个整体，考察各操作条件对颗粒平均停留时间和停留时间分布的影响规律，未关注宽筛分粉体中各粒级颗粒停留时间的变化情况，也未关注气固流化床反应器是否能满足不同粒径的颗粒对各自不同停留时间的需求。作者在前期研究中发现，传统流化床中粗、细颗粒停留时间差别较小，无法满足粗、细颗粒同步转化对其停留时间差别的要求。因此，如何对气固流化床中宽筛分粉体各粒级颗粒的平均停留时间进行调控，实现"各取所需"的理想状态，确实是摆在我们面前的理论和技术难题，需要我们不仅在理论上要有所突破，而且在技术上也要有所创新。

在国家"973"、国家科技支撑计划、国家自然科学基金、合作企业项目等的支持下，著者对横向内构件、纵向内构件、鼓泡-快速床型等对颗粒停留时间分布，尤其是宽筛分粉体中各粒级颗粒平均停留时间的影响进行了系统的实验研究和理论分析，同时还结合CFD方法对颗粒停留时间进行了计算机模拟，取得了一系列进展，在国际主流期刊上发表了系列论文，受到国内外学术界的关注和好评，相关研究成果还在多钒酸铵还原制备三氧化二钒、难选铁矿磁化焙烧、低品位锰矿还原、氢氧化铝煅烧制备 α-氧化铝等中试和产业化示范项目中得到应用，取得了较好的效果，产生了显著的经济效益和社会效益。

本书是对气固流化床中颗粒停留时间分布的调控理论和方法及其工业应用的归纳和总结，希望本书能为从事流态化科学研究和应用的读者提供一些流化床中颗粒停留时间调控理论和计算机模拟的最新成果，为流化床的颗粒停留时间调控理论和计算机模拟成功应用于工业流化床的放大和优化操作做出应有的贡献。

本书内容包含了作者所在课题组部分老师和学生多年来的工作成果与研究积累，具体包括赵虎、张立博、赵云龙、贾继斌、郝志刚、李军、谢朝晖等人。在此谨向所有参与本书编写及创作的人员表示感谢！

由于作者水平有限，书中难免存在不足之处，恳请读者批评指正。

著　者

2020 年 9 月

目 录

第 1 章

导论

1.1 引言

气固流化床反应器广泛应用于化工、冶金、能源等领域，用于流化的气体多种多样，既有简单空气，也有如氢气、氯气、三氯氢硅等各种气体，同样气固流化床处理的固体也多种多样，既包括催化剂、矿物等原生固体颗粒，也包括聚烯烃、多晶硅等反应生成固体颗粒。气固流化床中的"固"按照其在处理过程中的变化，大致可以分为四类。第一类是在反应过程中固体颗粒尺寸与物性基本不变化，这类固体的代表为各种催化剂，固体颗粒主要起催化作用，目的是加快气相转化速率。这类过程中固体颗粒虽然在流化床中也会发生某些变化，如FCC（催化裂化）催化剂在使用过程中积碳，但相对于原始颗粒尺寸变化较小，并且一旦颗粒尺寸或性质变化较大，催化剂颗粒会被排出床外进行再生，因此，可以近似认为在处理过程中固体颗粒基本不变化。第二类是反应过程固体颗粒变小或者消失，典型的如煤炭燃烧过程，沸腾氯化过程等，对于这类过程，随着反应的进行，固体颗粒尺寸逐渐变小，甚至消失，反应后只剩下少许未反应的灰分。第三类是固体颗粒尺寸变大（有固体颗粒生成），比如流化床反应器中催化生成聚烯烃的过程，流化床化学气相沉积过程等，对于这类过程，固体会从气相沉积到颗粒表面，流化床中颗粒尺寸随反应的进行会逐渐变大，到一定尺寸后须排出流化床。第四类是在反应过程中颗粒尺寸基本不变，典型的如硫铁矿、锌精矿的氧化，氢氧化铝煅烧，铁矿石直接还原等过程，对于这类过程，反应过程颗粒尺寸变化不大，但很多都涉及从一种物质变为另一种物质，如硫铁矿煅烧过程固体颗粒从 FeS_2 变为 Fe_2O_3 等，其中伴随颗粒空隙度等物理性质的变化。

通过过程强化提高气固转化效率是科技工作者的永恒追求，对于上述四类过程，过程强化的重点也不尽相同，其中第四类（本书称之为气固转化过程）对固相停留时间调控要求较高。对这类转化过程固相停留时间调控大致可分为两类，一类是减小固相返混，提高转化效率，即通过调控措施，使固相的停留时间分布从接近全混流向接近平推流转变。第二类涉及不同粒级颗粒停留时间的调控，由于气固流化床中固相颗粒往往具有一定的粒径分布，有些还是粒径宽筛分粉体，而不同粒径颗粒所需理论转化时间不同，若能通过停留时间调控使每一粒级的平均停留时间与其所需理论转化时间匹配，不仅可提高反应的转化率，对复杂反应还可提高转化的选择性。第一类停留时间调控国内外已有很多研究，也发展了不少可行的方法，但对第二类调控，国内外关注的较少。本章将对粒径对颗粒转化的影响，气固流化床中固相停留时间影响因素以及典型气固转化过程固相停留时间调控措施等进行概述。

1.2　固体颗粒转化动力学

　　固体颗粒气固非催化转化，根据粒径变化情况可分为"缩粒模型"和"缩核模型"，显然对于上文提到的气固相转化属于"缩核"过程，如图 1.1 所示，随着转化过程的进行，颗粒粒径保持不变，产物层逐渐往颗粒内部延伸，未反应核逐渐缩小。显而易见，整个转化过程除了涉及化学反应，还涉及反应气体和气体产物的向内和向外扩散等物理过程，即参与反应的气体首先须从气流主体通过颗粒表面气膜扩散至颗粒表面，然后再从颗粒表面通过颗粒内部孔道扩散至颗粒内部未反应核界面，才可与界面处固体发生氧化还原反应，反应的气相产物也需要从颗粒内部扩散至颗粒表面，再通过气膜层扩散至气流主体。整个过程，气相反应物经历气膜扩散（又称外扩散）、颗粒内部扩散（又称内扩散）和化学反应三个串联过程，整体转化速率取决于（即等于）这三个过程中最慢过程的速率，即整个过程由速率最慢的步骤控制，可能出现外扩散控制、内扩散控制、化学反应控制三种情况。

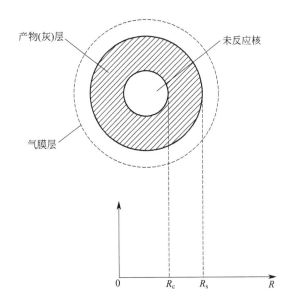

图 1.1　缩核模型示意图

R—半径；R_s—颗粒半径；R_c—未反应核半径

　　不同控制机制下，固体颗粒完全转化时间也不尽相同，通过推导可得到三种控制机制下，颗粒完全转化所需时间，如式(1.1)～式(1.3)（Yagi et al.，1961）。

外扩散控制：

$$\tau = \frac{\rho_B R_s}{3\nu M_B k_G c_{Ab}}$$ (1.1)

内扩散控制：

$$\tau = \frac{\rho_B R_s^2}{6\nu M_B D_e c_{Ab}}$$ (1.2)

化学反应控制：

$$\tau = \frac{\rho_B R_s}{\nu M_B k_s c_{Ab}}$$ (1.3)

式中，τ 为颗粒的完全反应时间，s；R_s 为固体颗粒的半径，m；ρ_B 为颗粒密度，kg/m^3；M_B 为颗粒摩尔质量，kg/mol；c_{Ab} 为反应气相主体浓度，$kmol/m^3$；D_e 为气体在颗粒内的扩散系数，m^2/s；k_s 为反应速率常数，m/s；ν 为化学计量数；k_G 为气膜传质系数，m/s，k_G 约反比于雷诺数或 R_s 的0.5次方，故气膜控制条件下颗粒完全反应时间正比于颗粒粒径的1.5次方。

可见，固体颗粒的完全转化时间与颗粒粒径至粒径的平方成正比，粒径越大，完全转化时间越长，转化效率越低。工业上常用的固体转化反应器主要有流化床、回转窑和竖炉三种，其中流化床可以用 0.1 mm 左右的细粉，回转窑通常适合的粒径在 3～25 mm，而竖炉一般要求颗粒大于 8mm，有的甚至要求大于 15 mm。对照上面的颗粒完全转化时间公式，可以很容易看出，流化床理论转化效率要远高于竖炉和回转窑，但即使是流化床，其处理效率也与颗粒粒径直接相关，在可能的情况下应尽量使用小粒径的粉体以提高转化速率，当然粒径过小可能会使流化质量变差，甚至导致失流，另外，降低颗粒粒径也会增加磨矿能耗，实际工程应用中需要结合反应效率、磨矿功耗、流化质量等方面综合考虑。

实际工业过程，如硫铁矿氧化、锌精矿氧化、铁精矿直接还原、钛精矿氧化还原等过程中，固体颗粒是从矿石经过破碎和磨矿过程获得的，固体颗粒往往具有很宽的粒径分布，表1.1和表1.2（何韵涛，2007）分别显示了经磨矿得到的铁矿和硫铁精矿粒度分布，可见，其最大/最小粒径比甚至能达到10，这意味着，对于这类粉体的转化，最大粒径和最小粒径所需理论转化时间可能相差数倍至数十倍，为了直观地显示粒径对颗粒理论转化时间的影响，以粉体中最细颗粒为参考，以粗、细颗粒粒径比（d_c/d_f）为横坐标，以粗、细颗粒理论完全转化时间比（τ_c/τ_f）为纵坐标，如图1.2所示。

表 1.1　某铁矿粒度分布

粒度/μm	≥74	74~50	50~38.5	38.5~25	25~20	<20
质量分数/%	7.90	30.95	12.89	16.45	8.65	23.16

表 1.2　典型硫铁精矿粒度分布

粒度/μm	≥74	74~32	32~16	16~8	<8
质量分数/%	5.70	45.70	26.92	11.29	10.39

由图 1.2 可知，对于宽筛分粉体，如果每一粒级颗粒的平均停留时间与其理论完全转化时间相匹配，可获得最佳的转化效率。若粗、细颗粒停留时间与理论所需转化时间相差较大，就会出现要么粗颗粒没有转化完全，要么细颗粒转化过头（停留时间远超理论所需时间），从而影响反应效率。可见，宽筛分粉体给流化床高效转化目标带来挑战，对于简单反应，处理起来相对容易，只需将固相停留时间设定为不小于粗颗粒转化所需时间，就可保证所有颗粒都转化完全，最多就是细颗粒损失些效率（停留时间大于转化所需时间），但对于串联类复杂反应（如 $Fe_2O_3 \longrightarrow Fe_3O_4 \longrightarrow FeO$）且目标产物为转化中间产物（如 Fe_3O_4），宽筛分就会给流化床反应器设计带来很大的挑战，因为这时如果按照粗颗粒所需转化时间设计，细颗粒就会转化过头，会降低转化的选择性；而如果按照细颗粒所需转化时间设计，则粗颗粒又不能完全转化。由此可见，对于宽筛分粉体，粗、细颗粒停留时间调控就显得尤为重要，如何使粗、细颗粒的停留时间与其理论转化时间匹配是需要解决的主要问题。

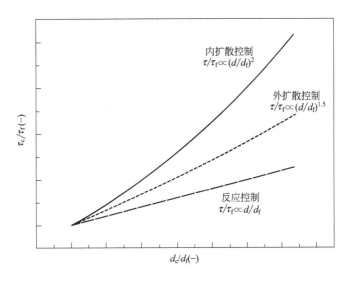

图 1.2　不同控制条件下颗粒粒径与颗粒完全反应时间的关系

1.3 颗粒停留时间影响因素

颗粒停留时间分布主要反映了颗粒在反应器中的流动特性，如是否存在死区，是否存在严重返混等信息。国内外对气固流化床颗粒停留时间有较多研究，发现颗粒性质、操作气速、进料量、内构件等都对颗粒停留时间有显著影响。

1.3.1 颗粒性质影响

颗粒粒径和密度对颗粒平均停留时间（MRT）的影响显而易见，颗粒粒径越大或者密度越高，其在流化床中所停留的时间越长（Ghaly et al.，2012；Berruti et al.，1988）。颗粒粒径对颗粒 MRT 的影响主要认为由流化床中气泡速度变化引起。细颗粒流化床气泡上升速度最快，气泡在乳相中上升速度大于气体，而粗颗粒流化床，气体在乳相中速度大于气泡（Kunii and Levenspiel，1990）。因此，流化床中所流化颗粒粒径越小，其气泡上升速度越大，从而使气泡聚并长大加剧，床层膨胀增加，床层内藏量减少，在进料速率不变的前提下，从而使颗粒 MRT 减小。

颗粒粒径分布变化对流化床内颗粒停留时间分布（RTD）有所影响，如 Shi 等（2014）研究发现提升管反应器内颗粒粒径分布较宽使颗粒返混减弱，但颗粒粒径分布是否对颗粒 MRT 存在影响并不清楚。Chapadgaonkar 等（1999）发现二元颗粒体系中粗颗粒含量变化对颗粒总平均停留时间有所影响，粗颗粒含量增加，颗粒间扩散程度增加，颗粒 MRT 降低，但粗颗粒含量增加使流化床内整体颗粒平均粒径增加，由此并不能确定是否由颗粒粒径分布引起颗粒停留时间不同。

此外，颗粒形状差异对颗粒流动特性（如最小流化速度、终端速度等）影响显著（Wiese et al.，2015；de Vos et al.，2009；Haider et al.，1989），如 de Vos（2009）研究发现同粒径近似球形颗粒的扬析率为非规则形状颗粒的六倍。但对颗粒 MRT 影响鲜有报道，Lu 等（2010）以生物质完全转化时间定义其在反应器内的停留时间，研究发现，对于相同有效直径，球形颗粒停留时间要远高于柱形颗粒和片状颗粒，颗粒形状差异对其停留时间的影响规律尚待进一步研究。

1.3.2 气速影响

一定条件下，气速对颗粒 MRT 的影响规律较为明显，颗粒 MRT 随流化床操作气速增加而降低，因为流化速度增加，床层膨胀变大，床中持料量降低，在进料速度不变的情况下，MRT 变小（郝志刚 等，2006；Harris et al.，2003a）。不同气速对颗粒停留时间的影响程度也不同，气速较低时，气速变化对颗粒 MRT 的影响较为明显；而高气速条件下，颗粒 MRT 随气速变化小。此外，一定条件下，气速变化对颗粒 RTD 峰值、分布和一般形状等均有显著影响，气速增加使床内颗粒流动趋向接近平推流（Harris et al.，2003b）。

1.3.3 进料影响

颗粒进料速率和进料位置对流化床中颗粒停留时间存在一定的影响，颗粒进料速率越大，颗粒停留时间越小。进料速率是影响流化床内颗粒混合的重要参数，因而对颗粒 RTD 影响显著。增加进料速率，物料纵向迁移速度增大，颗粒在水平界面的混合时间缩短，大部分物料来不及充分混合就被排出床外，颗粒流动更接近于平推流（高巍 等，2012）。进料位置变化对颗粒 RTD 影响不明显，杨阿三等（1998）研究细颗粒在粗颗粒流化床中的 RTD，发现同一高度下，不同径向位置进料（壁面或中心处）以及不同高度进样对其 RTD 均影响不大。

1.3.4 内构件影响

水平内构件对颗粒 RTD 影响的研究较多，一致认为水平内构件能抑制颗粒返混，改善颗粒 RTD，主要因为水平内构件之间较高气速抑制颗粒从上层往下层运动，从而减小了颗粒返混。气速较低时内构件下方无明显的气垫，随着气速的增加，内构件下方开始出现间歇性的气垫，进一步增加气速，内构件下方出现连续性的气垫，并且其高度随气速增加而增加。

纵向内构件除具有水平内构件的优点外，同时还有如下特点：不会增加床层压降，有利于延长颗粒停留时间，可以使颗粒停留时间分布变窄，益于提高颗粒的混合效率。

颗粒停留时间研究较为广泛，颗粒性质、气速、进料速率以及内构件等都对颗粒 MRT 和 RTD 有影响，颗粒 MRT 随气速增加和进料速率增加而减小。但已有研究以平均粒径为基准将粉体当作一个整体来研究，基本不关注一定粒径分布体系中各粒级颗粒 MRT 或 RTD 变化。宽筛分颗粒体系中颗粒存在一定的粒径分布，难以用平均粒径描述各粒级颗粒运动，因此现有的颗粒停留时间随操作条件或流化床结构变化的规律并不能直接用于宽筛分颗粒体系，仅能为宽筛分颗粒停留时间调控提供一定参考。

1.4 固相转化技术工业应用简介

气固流化床固相转化技术在工业上有较多的应用，如硫精矿氧化制备二氧化硫、氢氧化铝煅烧制备氧化铝、铁矿还原制备直接还原铁、氧化铝干法生产氟化铝、难选铁矿磁化焙烧、钛精矿氧化还原焙烧等。这些工业应用技术，从反应类型可分为分解（煅烧）、氧化、还原和氟化；从反应速度可分为快反应（如氢氧化铝煅烧）和慢反应；从反应的复杂程度可分为简单反应和复杂反应（如铁矿磁化焙烧反应可能涉及 $Fe_2O_3 \longrightarrow Fe_3O_4 \longrightarrow FeO \longrightarrow Fe$ 多步转化反应）。不同类型反应对停留时间控制的要求也不同，即使是已经工业应用的技术，从停留时间调控的角度来看，很多还有进一步优化的空间，下面就典型固相转化技术简述如下。

1.4.1 硫精矿氧化制备二氧化硫技术

硫精矿（包括硫铁矿、硫化锌矿、硫化钴矿等）是工业制备硫酸的重要原料，对这些硫精矿进行氧化焙烧可获得二氧化硫和金属氧化物，既利用了硫也利用了金属资源，主要氧化反应如式(1.4)～式(1.6)所示，SO_2 经进一步催化氧化成为 SO_3 后用于制备硫酸。

$$FeS_2 + 2.75O_2 \Longrightarrow 2SO_2 + 0.5Fe_2O_3 \tag{1.4}$$

$$ZnS + 1.5O_2 \Longrightarrow ZnO + SO_2 \tag{1.5}$$

$$2CoS + 3.5O_2 \Longrightarrow Co_2O_3 + 2SO_2 \tag{1.6}$$

流化床用于硫铁矿焙烧在国际上始于 20 世纪 40 年代，其后随着技术的不断发展，焙烧设备逐步大型化，我国从 20 世纪 80 年代开始引进国外大型流化床硫铁矿焙烧技术，目前我国硫精矿制备 SO_2 技术已较为成熟，国内硫铁矿制备硫酸技术单套产能最大达到 40 万吨/年（徐五七 等，2009）。焙烧硫铁矿的流化床型主要有两类，一类是鼓泡流化床，如图 1.3（a），国外有文献称之为稳定流化床（stationary fluid bed furnace，Runkel et al.，2009）。国内硫铁矿制酸采用的都是这类流化床，年产硫酸 40 万吨的流化床流化段面积达到 $138m^2$，与图 1.3（a）类似，该流化床包括直径 13.5m 的圆柱形流化段、一个锥形扩大过渡段、一个直径 17.0m 的圆柱形扩大段，不包括风室的流化床总高超过 20.5m（何西民，2011）；硫铁矿设计处理能力为 1130t/d（47.1t/h），实际能达到 1360t/d（56.7t/h）。另一类是循环流化床（CFB），如图 1.3（b）所示，由奥图泰公司（Outtec）从循环流化床氢氧化铝煅烧技术发展而来，于 1991 年在澳大利亚建成了一套处理含金硫铁矿 CFB 工业装置，矿石处理能力达到 575t/d，2009 年又在马里建设了一套 590t/d 含金硫铁矿 CFB 工业装置，该公司认为 CFB 焙烧炉具有 1800t/d 的处理能力。硫化锌精矿焙烧流化床与硫铁矿极其相似，图 1.4 是 10 万吨湿法炼锌工程所采用的 109m^2 焙烧流化床，该流化床流化段直径 11.8 m，上部扩大段直径 16.3 m，硫化锌精矿处理能力为 30～33t/h（陈军辉，1998）。

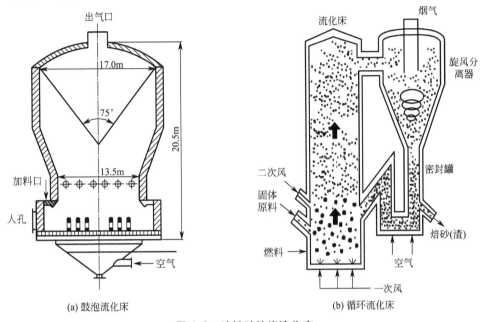

(a) 鼓泡流化床　　　　　　　(b) 循环流化床

图 1.3　硫铁矿焙烧流化床

硫精矿煅烧属简单氧化反应，其氧化本征动力学应该比较快，但现有技术的焙烧效率似乎不那么高，50t/h 的硫铁矿煅烧流化床流化段截面积达 138m^2，锌精矿煅烧技术也差不多，33t/h 的锌精矿煅烧流化床流化段截面积达到 109m^2，与此相比循环流化床煅烧效率更高，24t/h（575t/d）硫铁矿煅烧流化床流化段截面积为 8.5m^2，只有鼓泡流化床的约 1/10。因此，鼓泡流化床硫精矿煅烧技术似乎仍有很大的提升空间，进一步提高颗粒停留时间控制可能是优化的方向。现有鼓泡流化床流化段上部空间很大，不仅直径比流化段扩大 50%～100%，高度普遍都在 10m 以上，这样上部空间可以保证细颗粒在流化床中有十几秒的停留时间，确保细颗粒充分氧化。另外，流化床都安装有换热管，除了换热功能外，也可一定程度地起到破碎气泡和调节颗粒停留时间的作用。煅烧过程硫的转化率一般高于 98%，有些能够达到 99%，焙烧渣硫含量通常都大于 0.5%，有些甚至高达 1%～2%（杨蓓德 等，2006）。烧渣中硫含量高不仅造成资源的浪费，

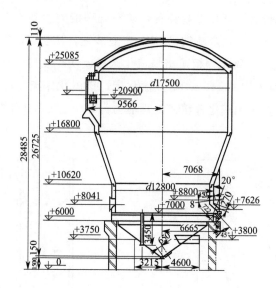

图 1.4   109m² 鲁奇式锌精矿焙烧流化床

(图中尺寸单位为 mm)

也影响后续铁资源的利用，因为优质铁矿石一般要求含硫量低于 0.1%。从生产实践来看，现有技术要进一步提高硫的转化率并不容易，因为对于这类颗粒接近全混流的流化床，少量未完全转化的硫铁矿因短路排出就可能使硫的转化率下降 0.5%，因此，通过停留时间调控，降低反应器内返混程度，使硫铁矿颗粒停留时间分布更接近平推流，可能是进一步提高转化率、降低尾渣硫含量的关键。循环流化床的优点是气固传质传热效率高，但从固相加工角度来看，也有其不足之处：因其返混更加严重，对固体转化率影响较大，似乎只适合快反应。从奥图泰报道的硫铁矿 CFB 煅烧结果来看，其煅烧效率还是比较高的，可能主要采用了硫铁矿细粉，转化速度很快，单次通过提升管就可获得较高的转化率，若采用较粗颗粒，似乎难以达到此效果，这大概也是 CFB 使用受限的原因之一。

1.4.2   氢氧化铝煅烧制备氧化铝

氧化铝是生产电解铝的原料，当前我国每年氧化铝产量超过 7000 万吨。铝土矿经碱溶沉淀后得到氢氧化铝，再经煅烧得到氧化铝。氢氧化铝煅烧是简单的分解反应，可用反应方程式(1.7) 表示，氢氧化铝可在 400~500℃ 煅烧得到高比表面积的 $\gamma\text{-Al}_2\text{O}_3$，这种情况下分解速度稍慢，一般需要十几分钟。在 1000~1200℃ 左右的高温下煅烧，得到 α 相及 γ 相混合的氧化铝，此时分解速度很快，几秒钟内可完成，产品比表面积大幅下降，适合于电解铝生产。

$$2Al(OH)_3 \rightleftharpoons Al_2O_3 + 3H_2O \qquad (1.7)$$

早期的氢氧化铝煅烧采用回转窑，从 20 世纪 40 年代开始，国外就已开始对氢氧化铝流态化煅烧进行试验研究，美国铝业公司（ALCOA）从 1946 年开始进行小试和半工业试验，1963 年由美国铝业公司率先建成第一套日产 300 吨的流态化闪速焙烧炉（简称 FFC 炉），在该公司的博克赛特（Bauxite）氧化铝厂投入工业生产，此后该公司逐渐发展了多种型号的 FFC 炉，最大处理量达到 2400t/d。德国鲁奇公司从 1958 年开始研究，该公司采用的煅烧反应器为循环流化床，于 1963 年在里波氧化铝厂建立了一座 25t/d 的试验装置（简称 CFB 炉），1970 年 4 月在里波氧化铝厂投产了 500t/d 的氧化铝装置，并形成了 500t/d 到 1850t/d 系列循环流化床焙烧炉（卢全义，1985；包月天，1995）。丹麦 Smidth 公司则以水泥悬浮窑外预分解装置为基础发展氢氧化铝煅烧技术，于 1979 年在丹麦的达尼亚（Dania）建成了 32t/d 的半工业试验装置，1984 年在印度亨达尔阔厂（Hindalco）设计了一台 850t/d 的焙烧装置，于 1986 年投产，该技术被称为 GSC 气体悬浮焙烧技术，也形成了产能不同的系列，最大产能达到 1850t/d。法国弗夫卡乐巴柯克公司从 20 世纪 70 年代开始开发氢氧化铝悬浮焙烧技术（简称 FCB 技术），于 1980 年在联邦德国 KHD 公司的加丹氧化铝厂建成的一台 30t/d 的闪速焙烧装置，于 1981 年 6 月在希腊铝业公司的圣尼古拉斯厂建设一套 900t/d 的焙烧炉，1984 年投产建成。

与回转窑相比，流态化焙烧能耗更低、产量更大，所以 20 世纪 80 年代以后，国外新建的氧化铝厂已全部采用流态化焙烧技术。我国山西铝厂于 1984 年 8 月从联邦德国 KHD 公司引进第一套 1320t/d 的闪速焙烧装置，开启了我国氢氧化铝流态化煅烧技术产业化应用的新篇章。郑州铝厂于 1992 年 10 月引进了一套 Smidth 公司 1850t/d 气体悬浮焙烧装置（包月天，1995），后续包括山西铝厂、中州铝厂和苹果铝业公司等也引进了该技术；山东铝厂和贵州铝厂则分别引进了鲁奇公司 1600t/d 和 1400t/d 的 CFB 流态化焙烧装置（樊英峰 等，2003）。自此我国新建铝厂也都采用了流态化焙烧技术，且经过一段时间的消化和吸收，目前国内设计院已能自主设计上述几类流态化焙烧装置及系统。

由于氢氧化铝分解反应在高温下可在几秒钟内完成，FFC、GSC 和 FCB 技术采用的都是输送床反应器，如图 1.5 所示，氢氧化铝一次通过输送床反应器，完成分解反应，进入后续热量回收系统。对于这类快速进行的简单反应，固相停留时间控制相对不那么重要。鲁奇公司采用循环流化床［类似图 1.3(b)］，由于有大量固体物料循环，固体颗粒的平均停留时间比输送床技术更长，达到 6～8min。

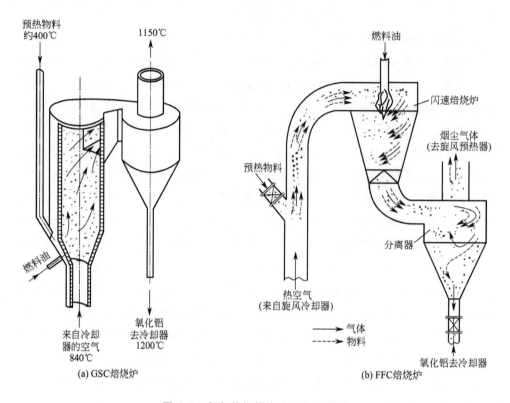

(a) GSC焙烧炉

(b) FFC焙烧炉

图 1.5   氢氧化铝焙烧流化床示意图

1.4.3   铁矿还原制备直接还原铁

铁矿石和焦炭在高炉中冶炼是当前生产生铁的主要方式，至今高炉仍在炼铁行业中处于绝对主导地位。高炉炼铁需要炼焦、球团/烧结等工序配合，而炼焦及球团过程对环境影响大，为了缓解炼铁对环境、能源和资源的压力，非高炉炼铁越来越受到人们的重视。所谓非高炉炼铁，实际是将高炉的一个反应器中发生的气相还原（$Fe_2O_3 \longrightarrow Fe$）和渣铁分离（熔分）过程分开在两个独立的反应器中进行，即先在还原反应器中将大部分铁氧化物还原为金属铁，这个过程被称为铁矿的直接还原，直接还原的产物称为直接还原铁（DRI），DRI 再在电炉中完成最终还原和熔化分离。直接还原的目的是将氧化铁还原为金属铁，降低后续熔分过程能耗，直接还原反应可用方程式(1.8)和式(1.9)表示。在冶金领域铁矿还原又可分为直接还原和熔融还原，一般将从铁矿制备还原铁为最终产品的过程称为直接还原，这种产品一般要求金属化率大于 90%，由于还原得到的铁比表面积很大，类似海绵状，俗称海绵铁，海绵铁接触空气极易氧化，不易储存和运输，通常将海绵铁压成块，称为热压块（hot briquetted iron，HBI）。将铁矿还原后得到的还原铁再经电炉熔分得到铁水的过程，称为熔融还原。本书为了简化，将涉及式(1.8) 和式(1.9) 的过程统一称为直接还原。

$$Fe_2O_3 + 3H_2/CO = 2Fe + 3H_2O/CO_2 \qquad (1.8)$$

$$Fe_3O_4 + 4H_2/CO = 3Fe + 4H_2O/CO_2 \qquad (1.9)$$

国内外已经对铁矿直接还原技术进行了几十年的研发，采用过的直接还原反应器包括竖炉、回转窑和流化床等典型的固相加工反应器，目前已产业化的直接还原技术仍以竖炉为主，约占 90%。流化床直接还原具有气固传质和传热效率高、能够直接使用粉矿等突出的优点，很早就受到国内外研究者的关注。流化床直接还原技术的开发可追溯到 20 世纪 50 年代的 H-Iron（Squires et al.，1957）和 Nu-Iron（Reed et al.，1960），在那之后国内外进行了众多的研发，开发了几个典型的流化床直接还原技术，包括美国爱索工程公司（ESSO）的 FIOR 技术（Brown et al.，1966）、德国鲁奇公司的 Circored 技术（Elmquist et al.，2002）、日本的 DIOS 技术（Hasegawa et al.，1994）、澳大利亚力拓公司的 Hismelt 技术及 FINMET 技术（Burke et al.，2002）、韩国浦项制铁的 FINEX 技术（Yi et al.，2019）等。国内原中国科学院化工冶金研究所（现中国科学院过程工程研究所）和原华东冶金学院也在 20 世纪 70~80 年代对钒钛磁铁矿流态化直接还原进行了系统的研究，并以化肥厂驰放气为还原气体，分别进行了吨级中试（郭慕孙，1979；欧阳藩 等，1981；朱凯苏，1987）。但由于铁矿直接还原过程易出现黏结失流，使其应用受到极大的限制，到目前为止，仅 FIOR、FINMET 和 FINEX 技术实现了商业化运行。

FIOR（fluid iron ore reduction）工艺是美国爱索工程公司开发的一套连续生产热压块的直接还原技术。FIOR 研究公司 1962 年完成 5t/d 小试，1965 年在加拿大建成 300t/d 工厂，1976 年在委内瑞拉奥瑞娄科铁厂（Orinoco Iron）建成了 40 万吨/年的工业系统，还原采用四级串联的流化床反应器，第一级流化床主要用于矿粉预热，另外三级流化床用于还原，操作压力约为 10 个大气压（表压）。还原气主要来自天然气催化重整气，这是世界上首套实现工业化运行的流态化炼铁工艺，工艺流程示意图如图 1.6 所示。FIOR 建成后成功运行了 20 多年，2000 年后，该 FIOR 被 FINMET 工艺取代，委内瑞拉公司奥瑞娄科铁厂联合奥钢联（VAI）于 1992 年开始共同开发 FIOR 的升级版技术，命名为 FIN-

MET。FINMET 于 1995 年完成了实验室及委内瑞拉 FIOR 装置上的技术验证，1998 年 1 月开始在委内瑞拉普厄托奥达兹（Puerto Ordaz）建设 50 万吨的 FIN-MET 系统，1999 年 11 月开始调试，2000 年 5 月正式投产运行，用于取代原来的 FIOR 系统。2001 年开始分别在委内瑞拉和澳大利亚建设 200 万吨 HBI 系统（Lucena et al.，2006；Plaul et al.，2008；Schenk，2011）。FINMET 工艺流程与 FIOR 基本一样，也采用天然气重整气为还原气，铁矿粉粒度要求为小于 7mm 且 0.15mm 以下铁矿粉不超过 20%。位于澳大利亚的 FINMET 工厂因经济原因，目前已停产。

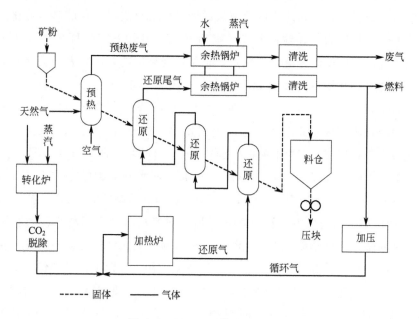

图 1.6　FIOR 工艺流程示意图

奥钢联（VAI）和韩国浦项制铁（POSCO）于 1992 年开始联合开发基于流化床直接还原的炼铁工艺，以替代其 COREX 熔融还原技术中的竖炉直接还原，分别于 1996 年和 1999 年完成了 15t/d 和 150t/d 的中试，在此基础上，于 2003 年完成了 60 万吨/年的工业示范，进一步于 2007 年 5 月成功运行了 150 万吨/年的工业装置，除此之外，在 2014 年，一套设计产能为年产 200 万吨铁水的 FINEX 工艺流程也已成功投入生产，并且在新的 FINEX 流程中，采用三级流化床组代替原有的四级流化床组进行直接还原工作（Yi et al.，2019）。四级流化床还原 FINEX 工艺流程如图 1.7 所示。FINEX 同样对铁矿粉粒度有要求，一般可处理 10mm 以下矿粉，但小于 0.2mm 矿粉比例不超过 22%（Lee，1998）。

FINEX 还原气为从熔融气化炉排出的气体,这些气体是煤(包括部分焦碳)在熔融气化炉中还原铁矿产生的,这样可省去煤气化工序。为了保证流化床稳定流化,流化床直接还原阶段的金属化率控制在 60%～85%。

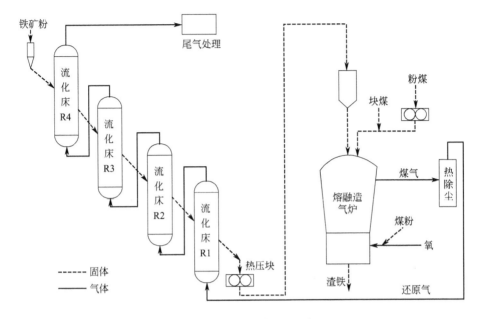

图 1.7 FINEX 工艺流程示意图

由于流化床直接还原工艺都采用多级流化床,用于还原铁矿的流化床一般为 2～3 级(4 级流化床中最后一级流化床往往起预热作用),多级串联使得这类技术对颗粒停留时间控制要求不那么高,因此停留时间控制也不是未来流态化直接还原技术的重点。当前全世界每年生产的直接还原铁(HBI)接近 7000万吨,绝大部分由竖炉工艺(如 MIDEX 工艺、HYL 工艺等)生产,流化床生产的不到 1%,因此,从已有的工业实践来看,当前流化床工艺竞争力不如竖炉工艺。如 1.2 节固体颗粒转化动力学所述,流化床的高效率来源于使用细粉,而对于铁矿直接还原来说,由于直接还原过程会因新生成金属铁使得颗粒极易黏结导致失流,为了避免失流的发生,已工业化的流化床直接还原技术都避免采用细颗粒矿粉,FIOR/FINMET 和 FINEX 使用 7～10mm 的铁矿颗粒,与竖炉使用的颗粒尺寸差别不大,所以反应效率上差别也不大,再加上流化床更高的压降及操作复杂性,在失去反应效率优势后,与竖炉相比自然也就难以体现出优势。由此可见,要使流化床直接还原更具竞争力,必须突破细粉(尤其是 0.1mm 左右细铁矿)还原过程黏结失流的难题,而这应该是流化床直接还原技术未来突破的重点。

1.4.4 难选铁矿磁化焙烧

随着国民经济的快速发展，我国对铁矿石需求急剧增加，国内铁矿石供应严重不足，2019 年我国进口铁矿石 11.7 亿吨，铁矿石对外依存度超过 80%，对国外铁矿石的过度依赖极易使我国钢铁工业受制于人，突破此瓶颈的关键是增加国内铁矿石的供应。实际上，我国铁矿石资源丰富，探明储量 700 多亿吨，居世界第五位（李厚民 等，2013），但 97.5% 为贫铁矿，平均品位仅 33%，比世界平均水平低 11%，需要通过选矿富集才可利用，这些铁矿资源中约有 40% 为常规重选、磁选、浮选及其联合流程等物理选矿方法，难以有效分选的沉积型赤铁矿、褐铁矿、菱铁矿、镜铁矿等难选铁矿。对于这些难选铁矿，可通过化学反应将其中弱磁性的铁氧化物转化为强磁性的四氧化三铁，人为增加目标矿物与脉石的磁性差别，再通过磁选实现人造磁铁矿物与脉石的分离，这个转化过程俗称磁化焙烧，该过程可用反应方程式(1.10) 表示。

$$3Fe_2O_3 + H_2/CO \longrightarrow 2Fe_3O_4 + H_2O/CO_2 \tag{1.10}$$

磁化焙烧是难选铁矿处理的一项"古老"技术，我国早在 1926 年就在鞍山地区采用竖炉对贫铁矿进行工业规模的磁化焙烧，被称为"鞍山式竖炉"，后经改造与提升，单台竖炉铁矿石处理能力达到了 10 万吨/年，至 20 世纪 80～90 年代我国鞍山钢铁公司、包头钢铁公司、酒泉钢铁公司等选矿厂共建有磁化焙烧竖炉近 120 座，每年处理铁矿石约 1300 万吨（朱俊士，2008）。但鞍山式竖炉只能处理 15～75mm 的"块矿"，过大的粒度使铁矿石内外还原不均匀，存在颗粒表面过还原（$Fe_2O_3 \longrightarrow FeO$）和颗粒内部未完全还原的现象，致使后续磁选过程铁回收率不高，仅 70% 左右（朱俊士，2008）。苏联克里沃罗格中部采选公司则采用回转窑进行磁化焙烧，建有 30 座 $\phi 3.6m \times 50m$ 的回转窑进行铁矿石磁化焙烧工业生产，我国也有采用过回转窑进行磁化焙烧的尝试（朱俊士，2008）。回转窑磁化焙烧处理的铁矿石颗粒粒度一般小于 30mm，也会存在上述内外还原不均问题（薛生晖 等，2012），但从国内外实践来看，虽然回转窑的铁回收率比竖炉高，可达到 85%，但回转窑磁化焙烧能耗很高，比竖炉高近 50%，且因粉矿高温黏结"结圈"导致运行周期较短，有些只能连续运行 7～10 天，最长也仅为 30～75d（付向辉 等，2013），因此 21 世纪初国内建立的多条回转窑磁化焙烧生产线全都处于停产状态。

流化床磁化焙烧在国内外也广受重视（Borcraut，1962；Bost et al.，1966；

Georg et al.，1960；Priestley，1957；Kwauk，1979；朱庆山 等，2014），早期国外有采用多层流化床进行磁化焙烧的 20 万吨设计（Priestley，1957），但后来流态化磁化焙烧研发在国外基本停止，主要可能因为发现了大量富铁矿，不需要开发利用低品位铁矿。我国低品位铁矿流态化磁化焙烧研发始于 1958 年，当时在中国科学院过程工程研究所成立了国内第一个流态化研究室，专门从事我国低品位铁矿的流态化磁化焙烧研发，先后对鞍山赤铁矿、南京凤凰山赤铁矿、酒泉菱铁矿和镜铁矿、河北宣化鲕状铁矿、包头白云鄂博含稀土铁矿等进行了系统的磁化焙烧小试，进一步完成了 1.2t/d 实验室扩大试验，都取得了很好的结果，可将铁品位提高到 60%～65%、磁选铁回收率超过 90%。在此基础上，在原国家科委的支持下，于 1966 年在马鞍山建立了每天处理 100t 的流态化磁化焙烧中试工厂（图 1.8），当时采用的流化床为稀相换热的半载流化床，如图 1.9 所示，该流化床由底部流化段（包括燃烧段、密相还原段等）和上部预热段组成，且预热段比流化段要高很多，预热段中设置了挡板以减缓颗粒下行速度，增加铁矿石颗粒的停留时间，以便使铁矿石颗粒充分预热。煤气从底部进入流化床，在下部流化段与铁矿石粉体发生磁化焙烧反应后，进入上部预热段，在预热段底部

图 1.8　100t/d 磁化焙烧中试工厂照片

设有烧嘴，将未反应煤气燃烧产生热烟气，热烟气与铁矿石在预热段中逆流换热，在加热铁矿石粉体的同时使烟气降温。该中试工程只进行了3~4个月的调试运行，虽然也取得了很好的效果，但后来因故不得不终止了调试运行。基于该中试结果，鞍山钢铁公司自行设计建造了日处理700t铁矿石粉的流化床磁化焙烧系统，但不知为何将"流化床"设计为倒U形结构，如图1.10所示（张卯均，2008），称之为"折倒式半载流两相沸腾焙烧炉"，从文献报道的运行结果来看，磁化焙烧-磁选效果相当不错，对鞍钢齐大山赤铁矿进行磁化焙烧-磁选后，精矿铁品位达到57.65%~64.73%、铁回收率达到87.10%~96.25%，但未见进一步的运行结果报道。20世纪70年代以后至21世纪初，国内磁化焙烧技术研发基本处于停顿状态。

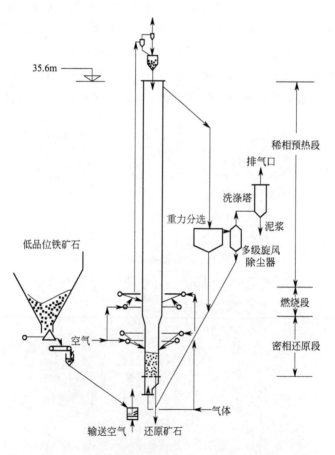

图 1.9　100t/d 磁化焙烧流化床及焙烧工艺示意图

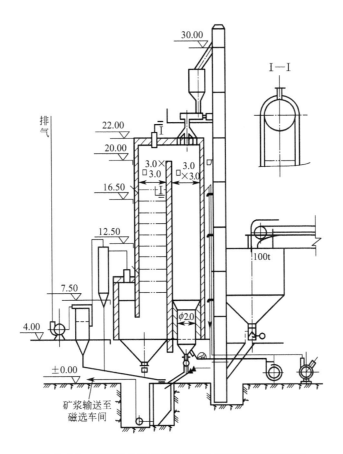

图 1.10 鞍钢建立的 700t/d 磁化焙烧流化床示意图

(图中尺寸单位为 m)

2000 年以来,由于国内铁矿石供应持续紧张及国际铁矿石价格大幅攀升,国内低品位铁矿高效利用再度受到高度重视,流态化磁化焙烧则是关注的重点,除了中国科学院过程工程研究所外,不少单位也纷纷开始从事流态化磁化焙烧研发。中科院过程工程研究所基于原磁化焙烧基础及长期流态化基础研究积累,发展了循环流化床磁化焙烧技术,并进一步提出快速-鼓泡复合流化床磁化焙烧技术,其工艺流程如图 1.11 所示(朱庆山 等,2007)。复合流化床大幅提高了转化效率,可在 480℃的低温下实现高效的磁化焙烧,降低焙烧能耗,并同时提高 Fe_3O_4 转化的选择性,完成了 10 万吨/年工程示范,实现了连续稳定运行,铁回收率超过 93%(朱庆山,2014)。原来从事物理选矿的专家则倾向于借鉴已工业化流态化固相加工技术的经验,将其他领域的流化床工艺及技术移植到铁矿磁化焙烧上来。长沙矿冶研究院提出的铁矿磁化焙烧与美国铝业的氢氧化铝流态化闪速焙烧炉（FFC 炉）极其相似，并称之为闪速磁化焙烧（余永富 等，2005，2006），与 FFC 炉一样，固体物料在输送床与多级旋风反应器中进行转化，建设了 5 万吨/年和 60 万吨/年的示范工程，但都处于停产状态。东北大学及沈阳鑫博公司提出的磁化焙烧工艺则与丹麦史密斯氢氧化铝气体悬浮焙烧炉（GSC 炉）极其相似，称为悬浮磁化焙烧，在酒泉钢铁公司建立了 160 万吨/年铁矿磁化焙烧示范装置，已调试了 3 年多，尚未见长周期运行的报道。

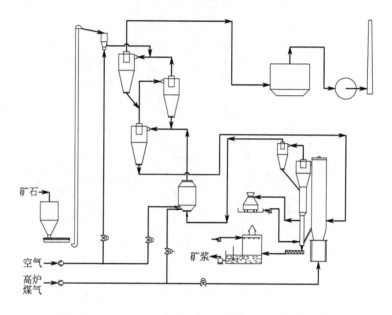

图 1.11　10 万吨/年难选铁矿流态化磁化焙烧工艺流程

磁化焙烧过程涉及 $Fe_2O_3 \longrightarrow Fe_3O_4 \longrightarrow FeO \longrightarrow Fe$ 多步化学反应，是典型的串联复杂反应，而磨矿得到的铁矿粉具有粒径宽筛分特性，合适的固相停留时间控制是获得高效磁化焙烧的关键，也是难点之一。另外，铁精矿附加值不高，每吨售价在 500～900 元，通过磁化焙烧技术获得铁精矿需要经过采矿、磨矿、磁化焙烧、磁选等多道工序。与传统选矿技术相比，增加高温磁化焙烧工段使生产成本相应提高，而实际经济上没有竞争力也正是传统磁化焙烧技术至今未能大规模应用的关键瓶颈，所以只有将磁化焙烧过程进行充分优化，大幅降低焙烧过程成本，磁化焙烧技术才有可能得到广泛应用。磁化焙烧过程优化主要有两方面，一是反应过程优化，其核心是通过固相停留时间调控，实现粗、细颗粒磁化同步转化，提高转化为 Fe_3O_4 的选择性；二是过程热量利用优化，由于磁化焙烧在高温下进行，如何实现高温焙烧矿的显热回收利用是优化的关键。移植/借鉴工业化流化床用于磁化焙烧，在工程经验不足时确实可以解决很多工程问题，有望少走些工程弯路，但如果对整个过程的基础和工程问题缺乏深入的认识，照搬其他领域经验也容易产生问题。一来粉体性质差别大，铁矿粉体性质与氢氧化铝/氧化铝的粒径、粒径分布、粉体软化点等性质差别甚大，而粉体性质对其在各反应器之间的转运、流化等均有重大影响，适合氧化铝的设备不一定完全适合铁矿石粉体。二来反应动力学差别大，氢氧化铝煅烧属简单、快反应，高温下可在几秒钟内完成，所以 FFC 炉和 GSC 炉基本都是输送床操作，而铁矿粉磁化焙烧反应虽然从本征动力学上分析也很快，但几十至几百微米的铁矿粉颗粒需要几分钟甚至十几分钟才可完全转化为 Fe_3O_4，要想在 FFC 炉或 GSC 炉中一次通过完成转化，不仅需要采用细粉，而且还需 900℃ 以上的高温，但多数铁矿粉在这样的高温下已开始软化，难以流化。此外，还需考虑转化效率、能耗及成本问题，因为磁化焙烧过程的能耗除了必要的反应消耗外，其余的能耗很大部分消耗在加热铁矿粉上，由于粉体热量回收不易，高焙烧温度往往意味着高焙烧能耗，所以，即使整个磁化焙烧过程能够顺利进行，若焙烧能耗高则仍难具备商业运营竞争力。

<h2 style="text-align:center">参 考 文 献</h2>

包月天, 1995. 氢氧化铝流态化焙烧技术应用现状与发展趋势. 轻金属, 11: 18-22.

陈军辉, 1998. 锌精矿沸腾焙烧系统设计与生产实践, 中国有色金属学报, 8 (2): 397-399.

樊英峰, 王誓学, 廉晓霞, 2003. 氧化铝流态化焙烧炉的应用及优化. 有色金属, 4: 42-44.

付向辉, 毛拥军, 薛生晖, 2013. 大型工业磁化焙烧回转窑结圈研究及预防控制. 有色金属 (选矿部分), S1: 236-239.

高巍, 张聚伟, 汪印, 等, 2012. 连续进出料鼓泡流化床颗粒停留时间分布. 过程工程学报, 12 (1): 9-13.

郭慕孙, 1979. 钒钛铁矿综合利用——流态化还原法. 钢铁, 14 (6): 1-12.

郝志刚, 朱庆山, 李洪钟, 2006. 内构件流化床内颗粒停留时间分布及压降的研究. 过程工程学报, 6 (A2): 359-63.

何西民, 2011. 硫铁矿制酸 $138m^2$ 沸腾焙烧炉球形拱顶内衬施工方法. 硫酸工业, 4: 36-37.

何韵涛, 2007. 江铜-瓮福 400kt/a 硫铁矿制酸装置沸腾炉的工艺设计. 硫酸工业, 4: 23-25.

洪凯松, 1998. 大型沸腾炉工艺设计关键参数的剖析. 硫酸工业, 3: 13-16.

李厚民, 张作衡, 2013. 中国铁矿资源特点和科学问题研究. 岩矿测试, 32: 128-130.

卢全义, 1985. 国外氢氧化铝流态化焙烧装置. 轻金属, 1: 5-13.

欧阳藩, 郭慕孙, 1981. 钒钛磁铁矿综合利用——流态化还原法 (二). 化工冶金, 2: 1-15.

王颖，2005. 大型硫酸装置国产化工艺和设备. 硫酸工业，6：4-12.

徐五七，徐光泽，2009. 铜陵有色 400kt/a 硫铁矿制酸生成实践. 硫酸工业，1：24-26.

薛生晖，张志华，郭永楠，等，2012. 菱铁矿回转窑磁化焙烧技术研究现状，矿冶工程，32（8）：42-45.

余永富，张汉泉，祁超英，等，2006. 难选氧化铁矿石的旋流悬浮闪速磁化焙烧－磁选方法：CN200510019917. 7. 2006-05-24.

余永富，侯拥和，陆晓苏，2007. 一种还原赤铁矿、褐铁矿、菱铁矿的焙烧装置：CN200610032484. 3. 2007-04-11.

杨阿三，王樟茂，陈甘棠，1998. 细颗粒进料在粗颗粒流化床中的分散与混合：Ⅰ停留时间分布. 化学反应工程与工艺，14（1）：7-14.

杨蓓德，金文杰，刘德洪，2006. 浮选法脱除硫铁矿烧渣. 产业研究与开发，26（2）：52-54.

朱凯荪，1987. 2.2t/炉级流态化还原钒钛磁铁矿试验研究. 钢铁，22（7）：39-42.

朱俊士，2008. 选矿手册：第 14 篇 磁选. 北京：冶金工业出版社：43-64.

朱庆山，谢朝晖，李洪钟，等，2009. 对难选铁矿石粉体进行磁化焙烧的工艺系统及焙烧的工艺：CN200710121616. 4. 2009-03-18.

朱庆山，李洪钟，2014. 难选铁矿流态化磁化焙烧研究进展与发展前景，化工学报，65：2437-2442.

张卯均，2008. 选矿手册：第三卷 第三分册. 北京：冶金工业出版社：61-64.

张立博，2018. 流化床中宽筛分颗粒停留时间调控研究［D］. 北京：中国科学院大学.

Boucraut M，1965. Process for roasting by fluidization, more particularly for magnetizing roasting：US28799963A. 1965-06-15.

Bost C，Jouandet C，1966. Improvements in iron ores：FR 1437586. 1966-03-28.

Brown J W，Campbell D L，Saxton A L，et al，1966. FIOR-The Esso fluid iron ore direct reduction process. Journal of Metals，18：237-242.

Burke P D，Gull S，2002. HIsmelt-The alternative ironmaking technology. In Bhubaneswar，India Proceedings of the smelting reduction for ironmaking.

Chapadgaonkar S S，Setty Y P，1999. Residence time distribution of solids in a fluidised bed. Indian Journal of Chemical Technology，6：100-106.

Elmquist S A，Weber P，Eichberger H，2002. Operational results of the circored fine ore direct reduction plant in Trinidad. Stahl und Eisen，122（2）：59-64.

Georg W，Joseph H，Herbert W，1965. Process for the stagewise fluidized bed roasting of sulfidic iron minerals：US14633161A. 1965-01-26.

Hasegawa T，Kenji T，Masahiro K，et al，1994. Operational results from a test plant for iron ore smelting reduction at the Fukuyama Works. NKK Technical Review，71：1-13.

Haider A，Levenspiel O，1989. Drag coefficient and terminal velocity of spherical and nonspherical particles. Powder Technology，58：63-70.

Harris A T，Davidson J F，Thorpe R B，2003a. The influence of the riser exit on the particle residence time distribution in a circulating fluidised bed riser. Chemical Engineering Science，58（16）：3669-3680.

Harris A T，Davidson J F，Thorpe R B，2003b. Particle residence time distributions in circulating fluidised beds. Chemical Engineering Science，58（11）：2181-2202.

Kwauk M，1979. Fluidized roasting of oxidic Chinese iron ores. Scientia Sinica，22：1265-1291.

Lee I，1998. Fluidized bed type reduction apparatus for iron ore particles and method for reducing iron ore particles using the apparatus. US5785733. 1998-07-28.

Lucena R，Whipp R，Albarran W，2006. The Orinoco Iron FINMET® Plant Operation. STAHL 2006 Crossing Frontiers，Düsseldorf，Germany.

Lu H，Ip E，Scott J，et al，2010. Effects of particle shape and size on devolatilization of biomass particle. Fuel，89：1156-1168.

Plaul F J，Böhm C，Schenk J L，2008. Fluidized-bed technology for the production of iron products for steelmaking. IFSA 2008，Industrial Fluidization South Africa：334-346. Edited by Hadley T and Smit P，Johannesburg：South Africa Institute of Mining and Metallurgy.

Priestley R J，1957. Magnetic conversion of iron ores. Industrial & Engineering Chemistry，49：62-64.

Reed T F，Argarwal J C，Shipley E H，et al，1960. A fluidized-bed reduction process. Journal of Metals，12：317-320.

Runkel M，Sturm P，2009. Pyrite roasting，an alternative to Sulphur burning. Journal of the Southern African Institute of Mining and Metallurgy，109：491-496.

Shi X，Lan X，Liu F，et al，2014. Effect of particle size distribution on hydrodynamics and solids back-mixing in CFB risers using CPFD simulation. Powder Technology，266：135-43.

Schenk J L，2014. Recent status of fluidized bed technologies for producing iron input materials for steelmaking. Particuology，9：14-23.

Squires A M，Johnson C A，1957. The H-Iron process. Journal of Metals，1：586-590.

de Vos W，Nicol W，Toit E D，2009. Entrainment behaviour of high-density Geldart A powders with different shapes. Powder Technology，190：297-303.

Wiese J，Becker M，Yorath G，et al，2015. An investigation into the relationship between particle shape and entrainment. Mineral Engineering，83：211-216.

Yagi S，Kunii D，1961. Fluidized-solids reactors with continuous solids feed—III：Conversion in experimental fluidized-solids reactors. Chemical Engineering Science，16（3-4）：380-391.

Yi S，Choi M，Kim D，et al，2019. FINEX ® as an environmentally sustainable ironmaking process. Ironmaking & Steelmaking，46：625- 631.

第 2 章

气固流化床流型及颗粒停留时间分布测定

2.1　引言

对于实际的流化床反应器而言，由于其内部流动结构的非均匀性，床中存在的沟流、环流或死区等现象均可导致实际气固两相流与理想流动模型（流型）偏离，并且受流化气速、进料速率及床层构造影响，形成不同的气固流化床流型，使得床层出口物料有的停留时间长，有的停留时间短，产品具有不同的反应程度。本质而言，流化床反应器出口物料是具有不同停留时间物料的混合物，产品的实际转化率也是这些混合物料各自转化率的平均值。所以，为了确定床层出口物料的反应转化率或产物的定量分布，就必须定量地对床内物料的停留时间分布进行测量。

2.2　气固流化床的流型

流型是将流体的实际流动情况通过合理简化，提出连续流化反应器中物料宏观运动的物理特性，并用数学方程式加以描述。流动模型可以用于确定床中反应物返混和停留时间分布之间的定量关系。作为典型的化工多相反应器，气固流化床的流型同样可分为活塞流、全混流和半混流三种类型，其对应的停留时间分布密度函数 $E(t)$ 曲线和停留时间分布函数 $F(t)$ 曲线也体现出不同的特征。

通常停留时间分布由与流体介质性质相同的示踪剂来测定，有跃迁法和脉冲法两种方法。所谓跃迁法是在入口处将原流体突然切换为示踪剂流体，在系统出口连续检测示踪剂的浓度，可得出口无量纲浓度与时间的关系曲线，称 $F(t)$ 曲线；而脉冲法则是将一定量的示踪剂突然注入入口的流体中，在系统出口连续检测示踪剂的浓度，可得出口无量纲浓度与时间的关系曲线，称 $E(t)$ 曲线。具体测定方法将在 2.3 节中详细阐述。

2.2.1　活塞流的定义及其 E 曲线和 F 曲线特征

活塞流又称平推流，是一种返混量为零的理想流动模型。其特点是反应器径向具有严格均匀的流速和流体形状（压力、温度和组成），轴向不存在任何形式的混合，固相物料具有相同的停留时间。设流经流化床反应器的固相物料体积流量为 G_s（m³/min），床层持料体积为 V（m³），平均停留时间 $\tau = \dfrac{V}{G_s}$（min）。平推流模型的固相 $E(t)$ 曲线和 $F(t)$ 曲线如图 2.1 所示，同时表示为：

$$t < \tau, F(t) = 0, E(t) = 0;$$
$$t = \tau, F(t) = 1, E(t) = \infty; \qquad (2.1)$$
$$t > \tau, F(t) = 1, E(t) = 0$$

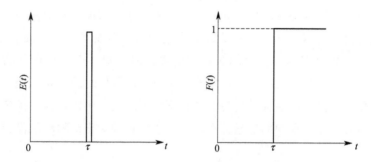

图 2.1　平推流的 E（t）和 F（t）曲线图

2.2.2　全混流的定义及其 E 曲线和 F 曲线特征

全混流又称理想混合模型，是一种返混程度无穷大的理想流动模型，其特点是物料进入反应器的瞬间即与反应器内原有的物料完全混合，反应器内物料的组成和温度处处相等，且等于反应器出口处物料的组成和温度，反应物料具有很宽的停留时间分布。

在阶跃注入示踪剂的条件下，dt 时间内加入床内的固相示踪剂量为 $C_0 G_s dt$，反应器出口流出的示踪剂量为 $C(t) G_s dt$，床内累计量为 $V dC$，示踪剂物料衡算式为：

$$C_0 G_s dt - C(t) G_s dt = V dC \qquad (2.2)$$

式中，C 为示踪剂浓度，kg/m^3。将平均停留时间 $\tau = \dfrac{V}{G_s}$ 代入式（2.2），整理得：

$$\frac{dC(t)}{C_0 - C(t)} = \frac{dt}{\tau} \qquad (2.3)$$

在 $t = 0$，$C = 0$ 的初始条件下，积分上式得到物料停留时间分布函数 $F(t)$ 表达式为：

$$F(t) = \frac{C(t)}{C_0} = 1 - \exp\left(-\frac{t}{\tau}\right) \qquad (2.4)$$

对应的停留时间分布密度函数 $E(t)$ 为：

$$E(t) = \frac{\mathrm{d}F(t)}{\mathrm{d}t} = \frac{1}{\tau}e^{-t/\tau} \tag{2.5}$$

全混流模型的 $E(t)$ 和 $F(t)$ 曲线如图 2.2 所示。

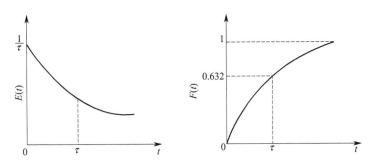

图 2.2　全混流的 $E(t)$ 和 $F(t)$ 曲线图

2.2.3　半混流的定义及其 E 曲线和 F 曲线特征

前面介绍的两种理想流动状况——活塞流和全混流，然而实际流化床反应器的流动状况均介于这两者之间，有的与其相近，有的则偏离较大。对不符合上述两种理想状况的流动状态，称之为半混流。实际流化床反应器流动状况偏离理想状况的原因简要归纳如下：

（1）滞留区的存在　所谓滞留区是指反应器中某部位的流体流动极慢以至于产生几乎不流动的区域，滞留区也称为死区。滞留区的存在使反应器的有效容积小于实际容积，平均停留时间缩短，同时也使得一部分颗粒的停留时间极长，其停留时间分布密度函数 $E(t)$ 曲线体现出明显的拖尾现象（图 2.3）。滞留区主要产生于流化床的死角中，如床层边壁、挡板与设备的交接处等位置。

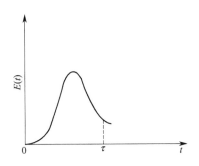

图 2.3　有滞留区存在的 $E(t)$ 曲线图

（2）沟流与短路发生　由于固相物料装填不均匀或颗粒形成聚团流化而产生沟流，造成一低阻力的通道，使得部分颗粒快速地从此通过而形成沟流。若床型设计不良也会产生流体短路现象，即颗粒在床层内的停留时间极短，例如床层进出料口距离太近而造成短路发生。上述两种不良流化现象下，固相停留时间分布特征为 $E(t)$ 曲线存在双峰，分别如图 2.4(a)～(b) 所示。

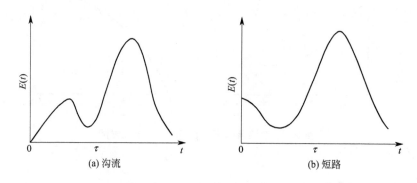

(a) 沟流　　　　　　　　　　　　　(b) 短路

图 2.4　发生沟流和短路的 $E(t)$ 曲线图

（3）循环流　实际流化床反应器中也经常存在颗粒的循环运动，特别是近年来有些研究者还有意识地通过在床层内设置导流筒，以气提或喷射等驱动方式达到强化或控制循环流动的目的。该种情况下颗粒的停留时间分布曲线特征是存在多峰现象，如图 2.5 所示。

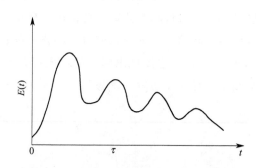

图 2.5　存在循环流时的 $E(t)$ 曲线图

（4）流体流速分布不均匀　颗粒在流化床反应器内径向流速的不均匀，造成不同颗粒在反应器内的停留时间有长有短。活塞流模型假定流体流速分布均匀，若流体在反应器内呈层流流动，其与活塞流的偏离将十分明显。即使是床层内呈湍动流化，其径向流速分布较为平坦，但也不可能满足活塞流的假定，只不过是更为接近而已。

（5）扩散　由于相间扩散的存在而造成流体粒子之间的混合，使得停留时间分布偏离理想流动状况，这对于活塞流而言偏离程度更为明显。

以上讨论的是关于形成非理想流动的主要原因，对于任意气固流动系统而言可能全部存在，也可能只存在其中几种原因，从而使得实际流化床反应器中颗粒的停留时间 E (t) 和 F (t) 曲线总体呈现如图 2.6 所示。

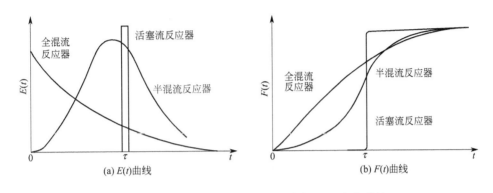

图 2.6　实际流化床反应器中的 E（t）和 F（t）曲线

综上所述，分析固相停留时间分布曲线形状后，就可以针对具体存在的流化问题，设法克服或加以改进，比如通过提高流化气速改善流化质量、添加横向挡板调节颗粒分布或纵向挡板形成多室串联，从而实现固相停留时间与目标反应时间的吻合，以达到反应工艺要求的目标。

2.3　均一粒度颗粒的停留时间分布测定

颗粒平均停留时间可以通过测量床料量和进料速率的方法来测得，计算公式如下：

$$\bar{t} = \frac{W}{F_0} = \frac{W}{F_1 + F_2} \tag{2.6}$$

式中，W 为流化床的床料量，kg；F_0 为进料速率，kg/min；F_1 为颗粒溢出速率，kg/min；F_2 为扬析速率，kg/min。

颗粒停留时间分布常与颗粒-流体的混合行为一起研究，通常采用颗粒示踪技术间接测量。示踪技术是目前研究流化床中颗粒停留时间分布和颗粒混合行为最为简单而通用的方法，具体为在反应器中注入一种可以用一定方法检测其踪迹的颗粒，这些示踪颗粒（示踪剂）的流动行为可以很好地代表床中主体颗粒的流化行为，通过检测示踪颗粒的分布，便可得到床中颗粒的停留时间分布，并依次了解颗粒的混合行为。示踪颗粒的选择一般遵循如下原则：

① 示踪颗粒的物性与流化床中主体物料的物性基本一致；

② 示踪颗粒的注入应对流场干扰小，且易于检测；

③ 应能避免示踪剂在流化床中积累；

④ 示踪剂的加入要迅速，且有足够的数量以使其监测值具有代表性。

示踪剂的输入方式有脉冲式、阶跃式和周期交变式，其中前两种方法较为常用，分述如下。

2.3.1 脉冲进样法和 E 曲线

当流化床中物料达到稳态流动时，在 $t=0$ 的瞬间，向具有稳定固相进料流速率 G_s 的流入物料中脉冲地注入示踪剂 A（其质量为 m_0），同时记录流出物料中 A 的浓度 C_A 随时间 t 的变化值 $C(t)$，所得的曲线为 C 曲线。

当示踪剂注入后，在 $t+dt$ 时间间隔从床层出口流出的示踪剂占示踪剂总量 m_0 的分率为：

$$\left(\frac{dN}{N}\right)_{示踪剂} = \frac{G_s C(t) dt}{m_0} \qquad (2.7)$$

在注入示踪剂的同时，流入床层内的固相物料若为 N，则在床内停留 $t \rightarrow t+dt$ 的物料在 N 中所占的分数为：

$$\left(\frac{dN}{N}\right)_{物料} = E(t) dt \qquad (2.8)$$

因为示踪剂和固相物料在同一流动体系中，所以可以认为：

$$\left(\frac{dN}{N}\right)_{示踪剂} = \left(\frac{dN}{N}\right)_{物料} \qquad (2.9)$$

即：

$$\frac{G_s C(t) dt}{m_0} = E(t) dt \qquad (2.10)$$

于是有：

$$E(t) = \frac{G_s C(t)}{m_0} \qquad (2.11)$$

脉冲方法测得的停留时间分布代表的是固相物料在流化床中的停留时间分布密度。实验测得 C 曲线即可根据式（2.11）求得 E 曲线，如图 2.7 所示。

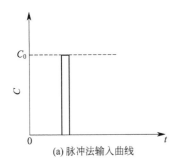
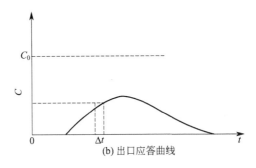

(a) 脉冲法输入曲线　　　　(b) 出口应答曲线

图 2.7　脉冲法测定停留时间分布

2.3.2　跃迁进样法和 F 曲线

阶跃法，包括阶升法和阶降法。在 $t=0$ 的瞬间，将原来不含示踪剂的固相物料改换为含示踪剂 A（浓度为 C_{A0}）的颗粒，且保持进料流率 G_s 和流动状况不变，并检测出口物料中示踪剂的浓度 C_A 的变化，此法称为阶升法；若将两流体的顺序调换，测定出口流体中残余 A 含量的变化，则称为阶降法，或残余浓度法。

要注意，阶跃输入时，在 t 时刻从出口流出的是停留时间为 $0 \rightarrow t$ 的固相示踪物，即停留时间小于 t 的示踪物，其在 t 时都可以从出口流出，所以在 t 时所测定的示踪物浓度 $C(t)$ 应为：

$$C(t) = \frac{\text{停留时间小于 } t \text{ 的示踪物}}{0 \sim t \text{ 时间内加入的固相物料总量}}$$

$$= \frac{(0 \sim t \text{ 时间内进入床层的示踪物}) \times (\text{停留时间小于 } t \text{ 的物料分率})}{t \text{ 时间内加入的固相物料总量}}$$

$$= \frac{G_s C_{A0} t \times \int_0^t E(t) \mathrm{d}t}{G_s t}$$

$$= C_{A0} \int_0^t E(t) \mathrm{d}t \tag{2.12}$$

由停留时间分布函数定义知：

$$F(t) = \int_0^t E(t) \mathrm{d}t \tag{2.13}$$

代入式（2.12）得：

$$C(t) = C_{A0} F(t) \tag{2.14}$$

由此推出：

$$F(t) = \frac{C_A}{C_{A0}} \tag{2.15}$$

由此可见，用阶跃法测得的是停留时间分布函数，测定 F 曲线时坐标取 $\frac{C_A}{C_{A0}} - t$，如图 2.8 所示。

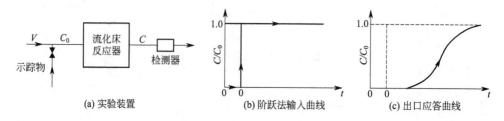

(a) 实验装置　　　　　(b) 阶跃法输入曲线　　　　　(c) 出口应答曲线

图 2.8　阶跃法测定停留时间分布

目前，对于颗粒示踪的方法已有大量文献研究（Stephens et al.，1967，Mostoufi et al.，2001，Wirsum et al.，2001），比如染色颗粒、盐颗粒、磁性颗粒、放射性颗粒以及热（冷）颗粒等众多示踪方法。目前国内外文献中提及的固体颗粒示踪技术见表 2.1。

表 2.1　颗粒示踪方法一览表

研究者	床径/m	实验方法	研究内容
Van Zoonen 等(1962)	0.051	氯化铵颗粒示踪	轴向、径向混合
Avidan 等(1985)	0.15	铁磁性颗粒示踪	轴向混合
Helmrich 等(1986)	0.15	$^{24}NaCO_3$ 放射性颗粒示踪	停留时间
Bader 等(1988)	0.305	盐示踪	停留时间
Kojima 等(1989)	0.05	荧光颗粒示踪	轴向混合
Ambler 等(1990)	0.05	放射性颗粒示踪	轴向混合
Patience 等(1990)	0.08	放射性颗粒示踪	轴向混合
Rhodes 等(1991)	0.152/0.305	盐颗粒	轴向混合
Wei 等(1994,1996,1998)	0.14	磷光颗粒	轴向、径向混合
Viitanen 等(1993)	1.0	放射性颗粒示踪	轴向、径向混合
易江林(1990)	0.14	脱附态颗粒示踪	轴向混合
Harris 等(2002 ,2003)	0.03	磷光示踪	停留时间

2.4 多粒度颗粒流化床中各个粒度的平均停留时间测定

如前所述，由于测定颗粒停留时间分布的实验步骤相对繁琐，且较均一粒度颗粒而言，多粒度颗粒停留时间分布的测定还需对不同时刻的取样物料进行筛分，而后使用染色法进行停留时间分布的换算，该过程任务量较大且误差偏高；另一方面，平均停留时间（即停留时间分布的数学期望）代表了物料在流化床内的整体停留时间，在反应工程设计上常被用于定量确定固相物料的总体反应时间。因此，本节主要介绍多粒度颗粒流化床中各个粒度平均停留时间的测定方法。

2.4.1 无内构件气固并流上行流化床

当多粒度分布 P_0 的颗粒连续加入图 2.9 所示的无内构件流化床中，细颗粒很可能被气流夹带走，而其余的颗粒则通过溢流管排出。针对上述情况，各粒度颗粒平均停留时间的测量方法如下。

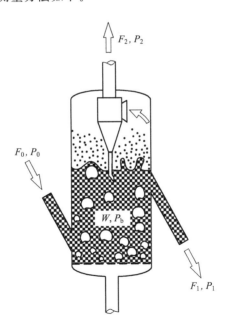

图 2.9 稳定状态下操作的流化床

实验开始前，称取一定量的固相物料装入流化床内（具体量依据实验条件而定），并在加料器上方进料罐中加料形成一定料封，而后调节床层流化气速和进料速率（F_0，kg/min）。随着流化床装置连续运转，对粗细两个出料口所排物料进行收集、筛分并称重，待流化床排料（F_1，kg/min）与进料速率 F_0 一致，且排出物料粒度组成（P_1）与进料粒度组成（P_0）相同时，可认为床内物料组成已达到平衡状态（W 和 P_b 保持恒定）。此时切断气源并停止进料，将流化床内的物料排出并按粒级筛分和称重，记录进料、溢流和夹带排料速率及粒度分布等各项数据。

对固相颗粒作物料衡算得：

$$F_0 = F_1 + F_2 \tag{2.16}$$

而对任意的在 R 和 $R+\mathrm{d}R$ 之间的粒度间隔作物料衡算得：

$$F_0 P_0(R)\mathrm{d}R = F_1 P_1(R)\mathrm{d}R + F_2 P_2(R)\mathrm{d}R \tag{2.17}$$

对固相颗粒总的来说其平均停留时间为：

$$\bar{t} = \frac{W}{F_0} = \frac{W}{F_1 + F_2} \tag{2.18}$$

然而，由于气流夹带优先从床层中除去小颗粒，细粉平均来说在床层中的停留时间较短。因而颗粒的平均停留时间将随粒度变化，并对任一特定的粒度可由式（2.19）求得：

$$\bar{t}(R) = \frac{床层中某一特定粒度的重量}{该粒度进入床层的质量速率} = \frac{WP_b(R)}{F_0 P_0(R)}$$
$$= \frac{WP_b(R)}{F_1 P_1(R) + F_2 P_2(R)} \tag{2.19}$$

由于 $P_b(R) = P_1(R)$，同时将任一粒度 R 的扬析率 $K(R) = \dfrac{F_2 P_2(R)}{WP_b(R)}$ 代入式（2.19）得：

$$\bar{t}(R) = \frac{1}{\dfrac{F_1}{W} + K(R)} \tag{2.20}$$

多粒度分布颗粒中，各粒度的平均停留时间由流化床平衡状态条件下某一粒度物料的持料量与其进料速率比值决定。同时，为了保证测量数据的准确性，上述实验步骤一般重复三次，取其平均值。

2.4.2 有内构件气固并流上行流化床

为了有效地调控多粒度颗粒在流化床反应器中的各自平均停留时间，以满足不同尺寸颗粒完全反应时间的相应要求，通常可在床中设置不同形式的内构件加以实现，详见本书第 3、5 章所述。

　　如若床内设置水平内构件，挡板下方的料面稳定且存在一定高度的"稀相区"，多层水平挡板流化床中将存在多个"稀相区"，使得床层出口处各粒度颗粒在平衡状态前后的浓度差异显著；而对于纵向内构件而言，随着颗粒粒径的增加，颗粒停留时间分布将由全混流向平推流转变。虽然流化床中加入内构件后，对不同粒度颗粒流动状况的影响程度不同，但各个粒度平均停留时间的测定方法与无内构件流化床基本相同，即在床内气固流化状态达到稳定后，床层中各粒级物料的持料量与其出料速率比值即为对应粒度颗粒的平均停留时间。

2.5　本章小结

　　（1）气固流化床的流型可分为活塞流、全混流和半混流三种类型，其对应的停留时间分布密度函数 $E(t)$ 曲线和停留时间分布函数 $F(t)$ 曲线体现出不同的特征。

　　（2）单粒度颗粒平均停留时间可以通过测量床料量和进料速率的方法来直接测得，停留时间分布通常采用颗粒示踪技术间接测量。脉冲方法测得的停留时间分布代表的是固相物料在流化床中的停留时间分布密度，阶跃法测得的是停留时间分布函数。

　　（3）多粒度颗粒流化床中各个粒度的平均停留时间测定，需系统的进出料组成和流率达到稳定平衡后通过测量各粒度颗粒的床料量和进料速率的方法来直接测得。

参 考 文 献

Harris A T，Davidson J F，Thorpe R B，2002. A novel method for measuring the residence time distribution in short time scale particulate systems. Chemical Engineering Journal，89：127-142.

Ambler P A，Milne B J，Berruti F，et al，1990. Residence time distribution of solids in a circulating fluidized bed：Experimental and modelling studies. Chemical Engineering Science，45：2179-2186.

Avidan A，Yerushalmi J，1985. Solids mixing in an expanded top fluid bed. AIChE Journal，31：835-841.

Bader R，Findlay J，Knowlton T，1988. Gas/solid flow patterns in a 30.5 cm diameter circulating fluidized bed. Circulating fluidized bed technology II：123-137.

Harris A T，Davidson J F，Thorpe R B，2003. Particle residence time distributions in circulating fluidised beds. Chemical Engineering Science，58：2181-2202.

Helmrich H，Schurgerl K，Janssen K，1986. Decomposition of NaHCO$_3$ in laboratory and bench scale circulating fluidized bed reactors. Circulating fluidized bed technology：161-166.

Kojima T, Ishihara K-I, Guilin Y, 1989. Measurement of solids behaviour in a fast fluidized bed. Journal of Chemical Engineering of Japan, 22: 341-346.

Mostoufi N, Chaouki J, 2001. Local solid mixing in gas-solid fluidized beds. Powder Technology, 114: 23-31.

Patience G, Chaouki J, Kennedy G, 1990. Solids residence time distribution in CFB reactors//Circulating fluidized bed technology III. Oxford: Pergamon Press: 599-604.

Rhodes M J, Zhou S, Hirama T, et al, 1991. Effects of operating conditions on longitudinal solids mixing in a circulating fluidized bed riser. AIChE Journal, 37: 1450-1458.

Stephens G K, Sinclair R J, Potter O E, 1967. Gas exchange between bubbles and dense phase in a fluidised bed. Powder Technology, 1: 157-166.

Van Zoonen D, 1962. Measurements of diffusional phenomena and velocity profiles in a vertical riser//Proceeding of the Symposium on the Interaction between Fluids and Particles. London: 1962: 64-71.

Viitanen P I, 1993. Tracer studies on a riser reactor of a fluidized catalyst cracking plant. Industrial & Engineering Chemistry Research, 32: 577-583.

Wei F, Cheng Y, Jin Y, et al, 1998. Axial and lateral dispersion of fine particles in a binary-solid riser. The Canadian Journal of Chemical Engineering, 76: 19-26.

Wei F, Jing Y, Yu Z, et al, 1994. Application of phosphor tracer technique to the measurement of solids RTD in circulating fluidized bed. The Journal of Chemical Industry and Engineering (China), 2: 230-235.

Wei F, Zhu J X, 1996. Effect of flow direction on axial solid dispersion in gas-solids cocurrent upflow and downflow systems. The Chemical Engineering Journal and the Biochemical Engineering Journal, 64: 345-352.

Wirsum M, Fett F, Iwanowa N, et al, 2001. Particle mixing in bubbling fluidized beds of binary particle systems. Powder Technology, 120: 63-69.

易江林, 1990. 循环流化床中颗粒返混特性的研究 [D]. 北京: 清华大学.

第 3 章

纵向内构件颗粒停留时间调控

3.1 引言

流化床反应器中固体颗粒停留时间分布接近全混流，返混比较严重，而返混对固相转化不利。对于气固流化床停留时间调控，自然而然首先想到如何降低固相颗粒的返混，一个简单的办法是通过多级流化床串联来实现，实际工业化应用的例子如铁矿直接还原 FINEX、FINMET 等工艺技术，但多级串联会增加设备和操作的复杂性。另一个容易想到的办法是通过内构件，将流化床分隔成不同的仓室，固体颗粒依次通过每一仓室，这样既可简化设备和操作，又可实现停留时间分布调控，一举两得。对于这种纵向挡板分隔的流化床，很容易预见，颗粒停留时间分布将变窄，颗粒停留时间将变得更加均匀，研究显示也确实如此（Mallon，1983；Pongsivapai，1994；Lim et al.，2004）。

除了可改善停留时间分布，纵向挡板在减小流化床放大效应方面预计也可起到很好的作用。如图 3.1，对于截面积为 $l \times l$ 的流化床反应器的放大，可以通过同时增加边长，比如将边长都增加为 $2l$ 而使截面积放大 4 倍，还可以如图 3.1（b）所示在一个方向放大，流化床截面积 $l \times 4l$，中间通过三个纵向内构件将其分割成 4 个 $l \times l$ 仓室，这样每个仓室的动力学条件与放大前接近，可降低放大效应，若将进出料速率提高至放大前的 4 倍，则可保持颗粒平均停留时间不变，但可以预见采用这种方式放大后，颗粒停留时间分布将变得更窄，对于固相转化率和选择性要求高的转化过程，采用这种方式放大会比较有利。

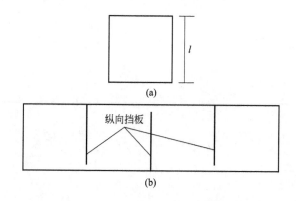

图 3.1 流化床平行放大示意图

另外，纵向内构件对宽筛分流化床中不同粒径颗粒停留时间分布是否有影响尚不十分清楚，也有必要进行研究。本章将分别研究纵向内构件纵向绕流和纵向内构件横向绕流两种流化床中气速、固含率、挡板高度、宽粒径分布等因素对颗粒停留时间分布的影响规律，尤其是对宽筛分粗、细颗粒平均停留时间是否具有一定的调节作用。

3.2 纵向内构件纵向绕流气固流化床

3.2.1 实验装置、物料及测量方法简介

3.2.1.1 实验装置

纵向内构件纵向绕流气固流化床实验装置如图 3.2 所示，流化床为长 150 mm、宽 60 mm、高 500 mm 的长方柱体，床内每隔 30 mm 加一纵向挡板，挡板厚度为 10 mm，共三个纵向挡板。两侧挡板下端与分布板距离为 80 mm，作为两仓室间的连接通道，中间挡板与分布板相连，在 290 mm 处设有开门，出料口距分布板高度也为 290 mm，采用厚度 3 mm 的金属烧结板作为分布板。流化气体为空气，经干燥器干燥后，通过流量计（LZB-15 转子流量计，余姚市银环流量仪表有限公司）计量后进入流化床，转子流量计量程为 0.6～6 m³/h。粉体由料仓经螺旋输送器加入进料 U 阀，再经进料 U 阀由上部加入流化床，采用溢流方式出料，经出料 U 型排料阀排入产品料仓。

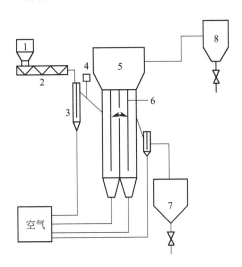

图 3.2 实验装置示意图

1—进料仓；2—螺旋加料器；3—U 阀；4—示踪剂；5—流化床；6—纵向内构件；7—出料仓；8—除尘器

3.2.1.2 实验物料

实验物料为石英砂，其形貌如图 3.3 所示，大部分呈不规则的扁平状。通过筛分，获得 50～60 目及 100～150 目两种不同粒度的粉体，分别作为后续实验的粗颗粒和细颗粒物料，其粒径分布如图 3.4 所示，该粉体的基本物性见表 3.1，颗粒骨架密度采用比重瓶法测得，堆积密度由英国马尔文公司生产的 Brookfield-PFT 型流变仪测得。

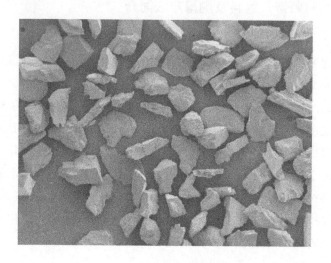

图 3.3　实验粉体电镜照片

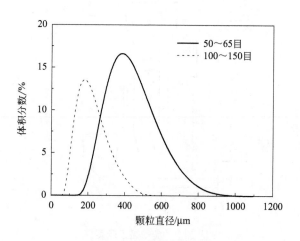

图 3.4　实验粉体粒径分布

表 3.1 实验物料物性

性质	粗粉体	细粉体
筛分粒径/目数	50～65	100～150
平均粒径/μm	341	158
颗粒骨架密度/(kg/m^3)	3142	3142
颗粒堆积密度/(kg/m^3)	1291	1291
起始流化气速(U_{mf})/(m/s)	0.11	0.046

3.2.1.3 实验步骤及测量方法

粉体从料仓经螺旋加料器进入进料 U 阀，经进料 U 阀进入纵向内构件流化床，粉体在床内流动轨迹类似"W"。当流化床内颗粒流动达到平衡时，即出口颗粒粒径分布与进口颗粒粒径分布基本一样时，加入示踪剂。为避免干扰，示踪剂的量设定为不超过床内颗粒料量的 5%，加入时间小于 5s。与此同时，每隔一定时间在出口处采集排出粉体，用于测定出口物料中示踪剂的浓度。

将上述流化粉体进行染色作为示踪剂（Bi et al.，1995；Lim et al.，1993），染色剂为阿拉丁公司生产的酸性红 18（$C_{20}H_{11}N_2Na_3O_{10}S_3$），用一定浓度的染色剂溶液浸泡上述石英砂粉体，过滤后干燥可获得示踪剂。为了测定出口物料示踪颗粒含量，需要先测定标准曲线，具体方法如下：称取五组特定质量的染色颗粒，浸泡在一定量的水中，待颗粒表面的染料充分溶解后，过滤得到水溶液，经过容量瓶定容后，用分光光度计（UV-6100PC 型，上海美谱达仪器有限公司）测定这五组溶液的透光率，做出标准曲线，如图 3.5 所示。

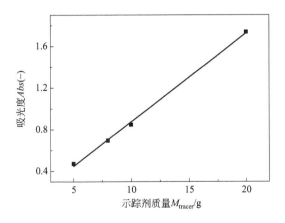

图 3.5 示踪剂质量与所对应吸光度之间关系

流化床内物料达到平衡状态时，将示踪剂瞬间注入流化床内，在流化床出口进行间断取样，并依次编号，取样时间一般为颗粒停留时间 3 倍以上。取样完毕后，取一定质量的待测粉体，将其浸泡在一定量的水中，过滤后用已知量的水洗上述浸泡过的粉体至水基本无色，将浸泡液及水洗液混合称量，再将混合溶液移至 150mL 容量瓶中配液，然后利用分光光度计检测所配溶液的吸光度。依据标定的吸光度与示踪剂线性关系（见图 3.5），计算出所取样品中示踪剂用量。从而可得出口示踪剂浓度 $c(t)$ 与时间 t 的关系曲线，即响应曲线。由响应曲线即可计算颗粒停留时间分布曲线（赵虎，2017）。

$$Qc(t)\mathrm{d}t = mE(t)\mathrm{d}t \tag{3.1}$$

式中，Q 为流化床颗粒体积流量；m 为示踪剂加入量。

颗粒停留时间分布密度函数：

$$E(t) = \frac{Qc(t)}{m} \tag{3.2}$$

3.2.2 纵向内构件对颗粒停留时间分布的影响

分别对 50～65 目（下简称粗粉体）和 100～150 目（下简称细粉体）两种粉体在没有内构件和有内构件流化床中的停留时间分布（RTD）进行了测定，表观气速为 0.20m/s 和 0.30m/s，如图 3.6 所示。可见，没有内构件时，粗细粉体的 RTD 曲线呈典型的全混流（CSTR）特征，采用理想 CSTR 模型对图 3.6（a）的数据进行了计算，得到粗、细颗粒的平均停留时间（MRT）分别为 670s 和 620s，实验中粗细粉体的进料量设定相同，理论上其 MRT 也应该大致相同。造成 MRT 差别的原因可能包含：①模型误差，拟合采用的是标准 CSRT 模型，而实际流化床不能完全达到理想全混状态；②实验误差，包括 RTD 测量误差，进出料速率波动等；③床层膨胀差异，细粉在流化床床层中膨胀更大些，造成床中持料量略小。另外，无内构件粗粉 RTD 开始有一段"迟滞"，也预示着床中可能有"死区"存在。通过拟合图 3.6 中无内构件 RTD 数据发现，表观气速从 0.2m/s 增加到 0.3m/s，粗、细颗粒 MRT 都有所减小，分别从 670s 和 620s 降至 650s 和 610s，这主要由于床层膨胀率随气速增加而增加，由此导致床层持料量减少，使 MRT 减小。

由图 3.6 可见，添加内构件后，粗细粉体的 RTD 曲线都往右移，但程度不太一样，粗粉体往右移动得更多，预示着粗粉体的返混程度降低得更多。可根据多级串联全混流反应器理论模型，对上述 RTD 曲线进行更深入的分析，按照化学反应工程多釜串联模型，N 个等体积 CSTR 串联后，单级 CSTR 和 N 级串联的停留时间分布可用式（3.3）和式（3.4）表示，根据 RTD 曲线可以计算出无量纲方差 σ_θ^2，并可据此计算出串联级数 N。

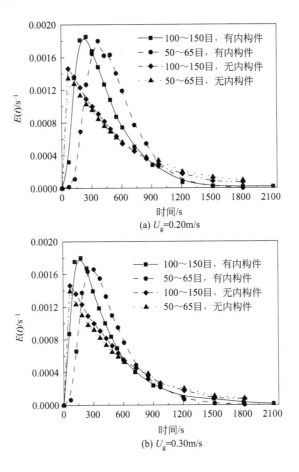

图 3.6　内构件对颗粒停留时间分布的影响

$$E(t) = \frac{1}{\tau} e^{-t/\tau} \qquad (3.3)$$

$$E(t) = \frac{N^N}{(N-1)! \, \tau} \left(\frac{t}{\tau} \right)^{N-1} e^{-Nt/\tau} \qquad (3.4)$$

$$\theta = \frac{t}{\tau} \qquad (3.5)$$

$$\sigma_\theta^2 = \frac{\sigma_t^2}{\tau^2} = \frac{1}{N} \qquad (3.6)$$

$$\sigma_t^2 = \frac{\sum (t - \tau)^2 E(t) \Delta t}{\sum E(t) \Delta t} \tag{3.7}$$

式中，$E(t)$ 为停留时间分布函数；θ 为无量纲时间；τ 为颗粒在单个 CSTR 中的 MRT；σ_t^2 为停留时间的方差；σ_θ^2 为无量纲停留时间的方差。为了验证是否可以用式（3.6）和式（3.7）计算添加内构件 RTD 数据的当量级数，首先对未添加内构件的 σ_θ^2 进行了计算，结果显示，根据无内构件 RTD 数据计算得到的 σ_θ^2 仅为 0.50 左右，远低于理论值 1.0。分析认为造成 σ_θ^2 偏低的主要原因是示踪剂尚未完全流出反应器，因为 $\Sigma E(t) \Delta t$ 仅达到 0.81，离 1.0 尚有一段距离（$\Sigma E(t) \Delta t$ 的理论值为 1.0）。为了验证上述分析是否正确，按全混流反应器理论模型 [式(3.3)] 计算出 $E(t)$，将时间截止到实验时间 2100 s，再根据理论计算得到的 RTD 数据计算 σ_θ^2，发现其值也仅为 0.54，进一步计算发现，要使 σ_θ^2 超过 0.95，则时间需要达到 5000 s，此时的理论示踪剂浓度在 10^{-6} 左右，即使测定，实验误差也会比较大。通过上面分析可见，已测定的 $E(t)$ 数据，由公式（3.6）和式（3.7）直接计算得到的理论当量级数会存在较大的误差。

虽然不能可靠地用于计算理论当量级数，σ_θ^2 还是可以用于定量对比返混程度，因为根据反应工程理论，返混越大，σ_θ^2 也越大，理想全混流的 σ_θ^2 为 1.0，而理想平推流的 σ_θ^2 为 0。表 3.2 给出了根据图 3.6 有内构件 RTD 数据计算得到的 σ_θ^2，可见对于同一种颗粒，其返混程度随表观气速的增加而增加，而在同一表观气速下，粗粉体的返混要低于细颗粒。

表 3.2　内构件流化床颗粒停留时间分布无量纲方差

粉体类型	表观气速/(m/s)	σ_θ^2
细粉体	0.2	0.29
	0.3	0.45
粗粉体	0.2	0.18
	0.3	0.25

为了研究内构件对颗粒停留时间分布的影响，将其与多级串联流化床理论停留时间分布进行了对比，如图 3.7 所示。3 块纵向挡板将流化床分成了 4 个仓室，相当于 4 个小流化床串联，在加料量不变的情况下，每个仓室颗粒的平均停留时间是未加挡板时的 1/4。图中 $N = 2$，3，4 曲线是假设将整个流化床分为 2 个仓室（每仓室 MRT 为未加挡板时的 1/2）、三仓室（每仓室 MRT 为未加挡板时的 1/3）和四仓室（每仓室 MRT 为未加挡板时的 1/4）。由图 3.7 可以看出，内构

件流化床颗粒 RTD 峰的位置大致与 2 级串联峰位置相当，而离 3 级串联和 4 级串联理论峰位置相差较远，可能预示着 3 个内构件的实际效果更接近 2 级串联，远未达到当初设想 4 级串联的效果。从实际 RTD 分布来看，似乎两边的挡板没有起到什么效果，由于实验流化床比较小，添加内构件后各仓室距离很近，再加上这种"W"形设置，若底部开口太大的话，不能起到很好的分隔作用，因此，有必要进一步研究左右两个挡板下部开口距离对颗粒停留时间分布的影响。

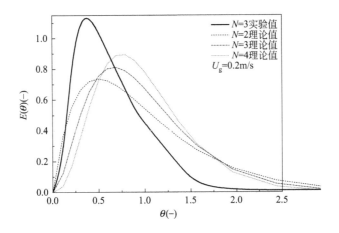

图 3.7　纵向挡板流化床颗粒停留时间分布与理论值对比

3.2.3　内构件底部开口高度对颗粒停留时间分布的影响

为探究底部内构件开口高度对颗粒停留时间分布的影响，设计了不同开口高度的实验，将内构件底部开口高度依次设定为 8cm、6cm、4cm 和 2cm，再分别测定粗细粉体的停留时间分布，其结果如图 3.8 所示。可见，无论对于粗粉体还是细粉体，降低开口高度，RTD 曲线的峰值都往右移，但程度有所不同。为了定量对比不同开口高度内构件流化床中颗粒的返混程度，计算了不同条件下的 σ_θ^2，列于表 3.3，与图 3.8 显示的结果相似，随着开口高度的增加，σ_θ^2 增加，颗粒返混增加。这些实验结果比较容易理解，随着开口高度增加，颗粒在相邻两个仓之间的流动阻力减小，颗粒更容易在两仓之间流动，导致返混增加。从表 3.3 可以看出，粗细粉体返混程度相差比较大，细粉体的 σ_θ^2 为 0.45～0.53，对应的理论当量串联级数为 2.2～1.9 级，而粗粉体的 σ_θ^2 为 0.25～0.46，对应的理论当量串联级数为 4.0～2.2 级，这种差别主要源于粗细粉体流化状态的不同。由这些实验结果至少可以得到两点启示：一是内构件开口高度应当尽可能低，以增大流化粉体通过的阻力，降低颗粒返混的概率；二是流化状态对颗粒返混影响巨大，若实际过程不太需要考虑返混或者返混影响比较小，则流化床可在 $U_{mf} \sim U_t$ 很宽的范围操作，对总体结果可能影响都不大，反之若返混对实际转化过程影响很大，则宜在低表观气速下操作，高表观气速操作反而会因返混增加得不到理想的结果。

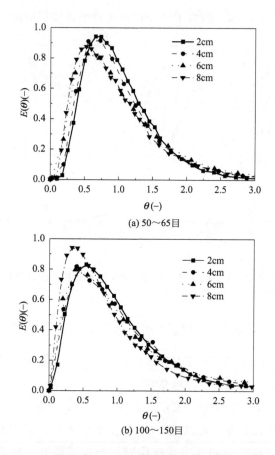

(a) 50～65目

(b) 100～150目

图 3.8　内构件底部开口高度对颗粒停留时间分布的有影响

表 3.3　不同开口高度流化床颗粒停留时间分布方差

粉体类型	开口高度/cm	σ_θ^2
细粉体	2	0.45
	4	0.47
	6	0.52
	8	0.53

续表

粉体类型	开口高度/cm	σ_θ^2
粗粉体	2	0.25
	4	0.31
	6	0.38
	8	0.46

3.2.4　气速对颗粒停留时间的影响

如第 1 章导论所述，对于宽筛分粉体，理想的停留时间是粗、细颗粒的停留时间与其理论转化时间匹配，以提高固相转化的转化率和选择性。因此，对于流化床中颗粒停留时间调控，除了降低返混，使颗粒停留时间分布更接近平推流外，还需要调控粗、细颗粒的平均停留时间。对于纵向内构件降低返混，已有很多研究（Mallon，1983；Pongsivapai，1994；Lim et al.，2004；杨阿三 等，1998；Hu et al.，2010；Gao et al.，2012）。其对颗粒停留时间分布的调节机制比较容易理解，但纵向内构件对宽筛分粉体粗、细颗粒 MRT 的影响则鲜有研究，影响规律也不清楚。

在流化床和内构件确定的情况下，床中颗粒停留时间则主要通过气速来调节，为了研究纵向内构件对粗、细颗粒 MRT 的影响情况，将本章所采用的粗颗粒和细颗粒粉体按照 50∶50 的比例混合，作为模拟宽筛分物料，考察气速对颗粒停留时间的影响规律。图 3.9 显示了不同气速下测定的颗粒停留时间分布曲线。随着气速的增加，粗细粉体停留时间分布的峰值均往左移，表明粗细粉体的返混随气速增加而增加。根据图 3.9 的 RTD 数据，计算了粗细粉体 σ_θ^2 随表观气速变化情况，如图 3.10 所示。需要说明的是，σ_θ^2 绝对值可能并不那么可靠，一方面因为实验测定存在误差，另一方面也因为 RTD 测定时间不够长，尚有示踪颗粒未流出流化床，由此也造成误差，因此，σ_θ^2 的变化趋势可能更可靠地说明问题。从变化趋势来看，随着表观气速的增加，粗细粉体的 σ_θ^2 都增加，比如从表观气速 0.093 m/s 时的 0.3～0.4 增加到 0.323 m/s 时的 0.7～0.8，并且细颗粒的 σ_θ^2 要高于粗颗粒，说明细颗粒的返混大于粗颗粒。

根据图 3.9 的 RTD 数据，可以用式（3.8）计算颗粒的平均停留时间（MRT），图 3.11 显示了粗细粉体 MRT 随操作气速变化情况。由于测定误差，计算得到的 MRT 数据有些波动，但总体趋势仍然十分清楚，即随着表观气速的增加，粗细粉体的平均停留时间都减小，因为气速增加导致床层膨胀增加，床层持料量减少,在进料量不变的情况下停留时间变短。如前所述,对于宽筛分粉体,粗、细颗粒 MRT 之比对固相转化过程效率有很大的影响,表 3.4 列出了粗、细颗粒 MRT 随气速的变化情况,可见在测定的范围内,气速对粗、细颗粒 MRT 比值的影响不大,其变化在实验误差范围内,说明对于这类纵向内构件,虽然在调控颗粒停留时间分布方面可以发挥很好的作用,但对于粗、细颗粒平均停留时间差别的调控则作用很小。

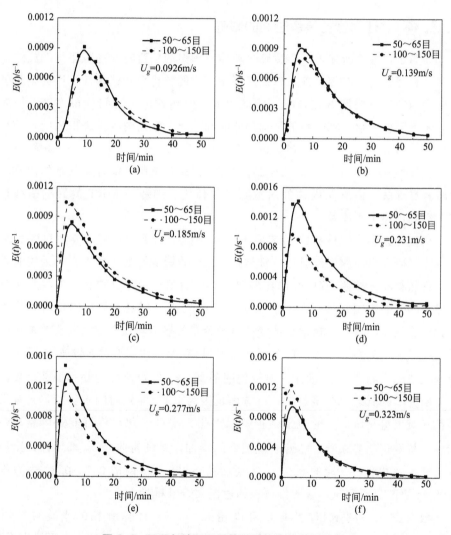

图 3.9 不同气速下不同粒径颗粒停留时间分布

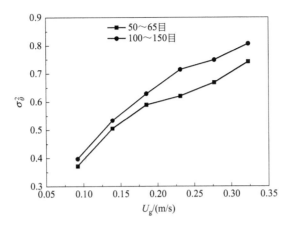

图 3.10 气速对粗细粉体返混的影响

$$\text{MRT} = \frac{\sum t E(t) \Delta t}{\sum E(t) \Delta t} \tag{3.8}$$

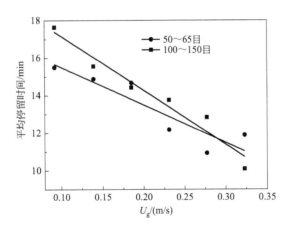

图 3.11 气速对粗细粉体颗粒平均停留时间的影响

表 3.4 气速对粗细粉体颗粒平均停留时间的影响

U_g/(m/s)	0.093	0.139	0.185	0.231	0.277	0.323
$\tau_{粗}/\tau_{细}$	1.14	1.05	1.02	1.13	1.17	1.18

可以看出，不同粒径颗粒的完全转化时间与其粒径或粒径的平方成正比，本

节所采用的宽筛分粉体，以粗细粉体的平均粒径计算，其粒径至少相差两倍，若想实现粗、细颗粒都能够同时转化完全，即粗、细颗粒的同步转化，其平均停留时间至少应相差 2 倍，甚至是 4 倍。表 3.4 的数据显示，采用本章这类纵向内构件的流化床，粗、细颗粒 MRT 相差无几，其比值最多也就在 1.1 左右，与同步转化理论需求相差甚远。就固相转化而言，若是简单反应，只要颗粒停留时间能够满足粗颗粒的转化需求，自然也可以满足细颗粒的转化需求，因此对这类反应只需将停留时间设计得大一些，尽管可能损失反应器体积，但不会产生选择性问题。若是串联类复杂反应（如 A →B →C），且目标产品为中间产物（如 B），粗、细颗粒停留时间差别不够大的影响则要大得多，因为若按粗颗粒停留时间设计，则细颗粒会转化过头，而若按细颗粒停留时间设计，粗颗粒难以完全转化，无论哪种设计，都会影响选择性和收率，对这类转化过程，粗、细颗粒停留时间差别的调控就显得尤为重要。根据本章研究结果，纵向内构件对粗、细颗粒停留时间调控能力比较弱，因此，尚需发展新的调控方法，以期能够使粗细颗粒接近同步转化。

3.3 纵向内构件横向绕流气固流化床

3.3.1 实验装置、物料及测量方法简介

3.3.1.1 实验装置

纵向内构件横向绕流气固流化床实验装置如图 3.12 所示，其中流化段为有机玻璃材质，以便于实验观察，尺寸为 330 mm×120 mm×500 mm。流化段加入两块竖直挡板，把床分为三个均匀的腔体，每个腔室空间为 100 mm×120 mm×500 mm，进出料口高度分别为 100 mm 和 300 mm。挡板形状如图 3.13 所示，只在侧边某一高度位置开口。料仓的物料经由螺旋加料器进入料阀，然后进入流化床底部。固相物料的流动俯视图如图 3.14 所示，其围绕着挡板横向绕流到达出口并收集入废料仓。流化床分布板为烧结板，分布板下的风室也均匀分为三段，以保证三个腔室的物料能够均匀流化。气体由罗茨鼓风机鼓出，经过油水分离器和干燥器干燥后，经转子流量计从风室进入流化床，完成流化后经旋风分离器排出，再经布袋除尘器净化后排入空中。

3.3.1.2 实验物料

实验物料采用大部分为球形的玻璃珠，其表面光滑白净易于清洗，是良好的

可用于染色示踪的原料。不同粒径的物料通过标准筛筛分得到，基本属性如表 3.5 所示，真实密度采用比重瓶法测得，堆积密度由英国马尔文公司生产的 Brookfield-PFT 型流变仪测得。

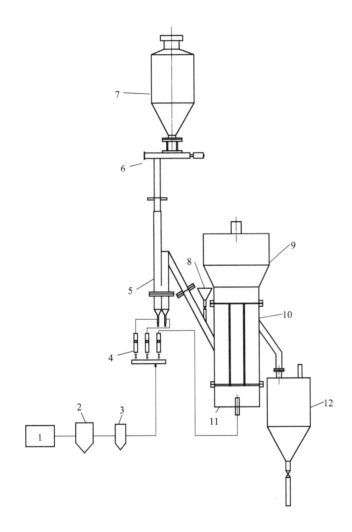

图 3.12　多挡板鼓泡流化床实验装置

1—鼓风机；2—油水分离器；3—减压阀；4—转子流量计；5—料阀；6—螺旋加料器；7—顶部料罐；
8—示踪剂加料口；9—扩大段；10—流化段；11—气室；12—底部料罐

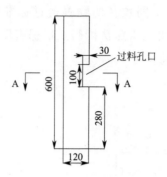

图 3.13　床内挡板示意图

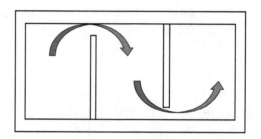

图 3.14　固相物料床内 A-A 截面流动俯视图

表 3.5　实验物料的基本属性

物性	粗颗粒	细颗粒
筛分粒径/目	20～25	70～90
平均粒径/μm	695	185
颗粒密度/(kg/m^3)	2580	2580
堆密度/(kg/m^3)	1420	1425
最小流化速度/(m/s)	0.40	0.028
混合颗粒平均粒径/μm	293	
混合颗粒最小流化速度/(m/s)	0.071	

3.3.1.3　实验步骤及测量方法

如图 3.12 所示，物料从顶部料仓经螺旋加料器进入 U 阀，经 U 阀调节后进入纵向内构件鼓泡流化床内，颗粒在床内水平运动轨迹类似"M"形。当床内颗粒流动达到平衡时，即出口处颗粒组成等于进口处颗粒组成时，加入示踪剂。为避免干扰，示踪剂的量小于床内颗粒床料量的 5%，加入时间小于 5s。与此同时，于固定时间间隔下在出口处采集物料，实验后测定样品中示踪剂浓度。

　　本实验采用染色颗粒示踪的方法。实验前，需要制备示踪剂。所用染色剂是由阿拉丁公司生产的酸性红 18（$C_{20}H_{11}N_2Na_3O_{10}S_3$）。制取示踪剂的步骤为：①分别取定量的粗、细颗粒原料备用；②将 1g 染色剂溶于适量水中，并在 1L 的容量瓶里定容；③将染料均匀多次地涂抹在筛分出来的颗粒上；④将染有染料的颗粒烘干备用。示踪颗粒浓度采用标准曲线法确定。染色液吸光度用上海美谱达仪器有限公司生产的 UV-6100PC 型分光光度计测定。具体的测定方法如下：①称取五组定量的染色颗粒，分别将表面的染色剂溶于水中并过滤，得到水溶液，经过容量瓶定容后，用分光光度计测定这五组溶液的透光率，做出标准曲线；②将采集的出口处物料称量作为样品，并将样品溶于水中，洗净过滤得到水溶液，定容后测定透光率；③将步骤②中的透光率值与标准曲线对比，得到样品中染色颗粒的质量，由此可确定样品中示踪剂浓度。标准曲线及颗粒停留时间分布密度函数的计算方法详见本章 3.2.1.3 节所述。

3.3.2　挡板对粗、细颗粒 RTD 的影响

　　首先分别在无挡板和有挡板床内进行了示踪实验，用上述实验方法测定了样品中粗、细示踪颗粒的浓度。图 3.15 对比了有无挡板情况下床内粗、细颗粒的 RTD。从图中可以看出，无挡板条件下床内固相流动趋于全混流，而添加 2 块纵

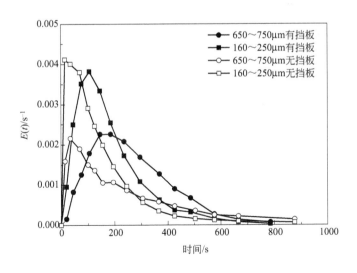

图 3.15　有无挡板情况下床内粗、细颗粒 RTD 曲线

向挡板形成横向绕流后，在相同气速下，颗粒停留时间分布向平推流方向靠近。这是因为颗粒虽然在挡板间形成的腔室内的流动呈现全混流状态，但中间挡板开口起到了串联的作用，相当于三个全混流反应器的串联，因此减小了固体间的返混，固相能更均匀地从床内流出。另外，无挡板存在时，床内粗、细颗粒 RTD 曲线出峰时间接近，而有挡板时的粗、细颗粒 RTD 曲线出峰时间相差较大，这说明了挡板有调节粗、细颗粒停留时间的作用；此外，从图中还可以看出，无挡板时粗、细颗粒 RTD 曲线拖尾更长，而加入挡板后拖尾变短，这说明挡板减小床内固相颗粒返混的作用。

3.3.3 气速对粗、细颗粒 RTD 的影响

图 3.16 是在无挡板床内不同气速下粗、细颗粒的 RTD 曲线分布。可以看出，随着气速的减小，粗、细颗粒的 RTD 曲线皆向右平移，即表现为固相 MRT 增加。这主要是因为，对于固定出口高度溢流出料的流化床而言，气速减小使得床层气含率和膨胀率相应降低，稳定进出料时床内的持料量则相应增加，因此粗、细颗粒的 MRT 上升。从颗粒运动角度看，气速减小，颗粒的自由运动速率减小，由进口到出口所需要的时间增大，故在床内的停留时间增加。另外对比发现，无挡板时改变气速，粗、细颗粒 RTD 曲线的峰值和重心并没有明显变化，由此可见，无挡板时改变气速对粗、细颗粒的 RTD 调节作用不大。这主要因为该种情况下固相流动接近全混流，粗、细颗粒没有明显分级，因此两者的停留时间几乎一致，所以调节气速对粗、细颗粒的 RTD 并无影响。

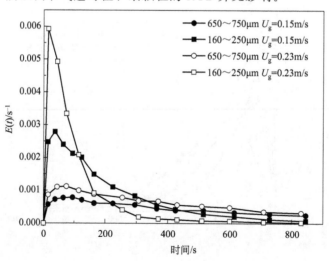

图 3.16　无挡板时不同气速下床内粗、细颗粒 RTD 曲线

图 3.17 是有挡板时不同气速下床内粗、细颗粒 RTD 曲线。从图中可以看出，当加入挡板后减小气速，粗颗粒 RTD 曲线峰值的移动幅度较细颗粒大，说明加入挡板后调节气速对粗、细颗粒 RTD 的影响作用更大，改变气速可有效调控粗、细颗粒 RTD 的差别。仔细分析 3.2.2 节可知，对于简单竖直挡板纵向绕流的流化床而言，其并不能改变粗、细颗粒在床中的分级程度，进而颗粒间的停留时间很难分开；然而，对于竖直挡板横向绕流的流化床而言，如果仅在挡板侧边某高度位置开一部分过料孔口（如图 3.13 所示），那么粗、细颗粒在不同腔体间流动需要爬过孔口下端，或者粗、细颗粒弹射出的部分颗粒才能进入到下一腔体，无疑这两种流通方式都限制了粗颗粒的通过能力，使得粗、细颗粒在通过挡板和出口的过程中将被显著分开，进而当气速减小时，粗颗粒的通过能力削弱得更大，因此粗、细颗粒间的停留时间差别变大。

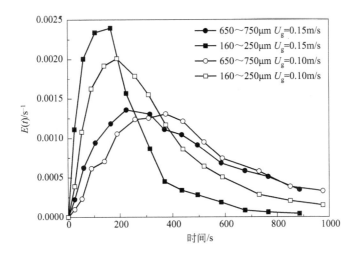

图 3.17　有挡板时不同气速下床内粗、细颗粒 RTD 曲线

3.3.4　进料速率对粗、细颗粒 RTD 曲线的影响

本节研究了固相进料速率对床内粗、细颗粒 RTD 曲线的影响。图 3.18 为无挡板时不同固相进料速率下床内粗、细颗粒 RTD 曲线。从图中可以看出，减小进料流量，粗、细颗粒的 RTD 曲线峰值皆往右平移即 MRT 增加。与上面简单调节气速表现出的变化规律类似，无挡板时改变进料速率仅能同时改变粗、细颗粒的 MRT，无法实现对粗、细颗粒停留时间的差别调控。

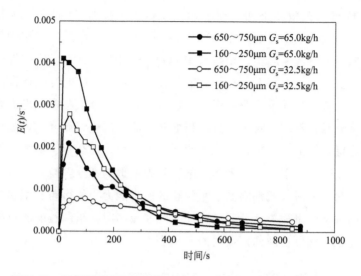

图 3.18　无挡板时不同固相进料速率下床内粗、细颗粒 RTD 曲线

　　图 3.19 为有挡板时不同固相进料速率下床内粗、细颗粒 RTD 曲线。由图可以看出，增大进料速率，粗、细颗粒的 MRT 都减小，流型也更趋向平推流。此外，当加入挡板后减小进料速率，粗颗粒的 RTD 曲线峰值移动幅度较细颗粒更大，说明在加入挡板后，改变进料速率对调节粗、细颗粒停留时间的作用更为明显。这是因为当颗粒进料速率变大后，床层密相段高度会相应增加且距挡板出口的距离变小，粗颗粒通过挡板的难度降低，使得粗、细颗粒间的停留时间差异变小。

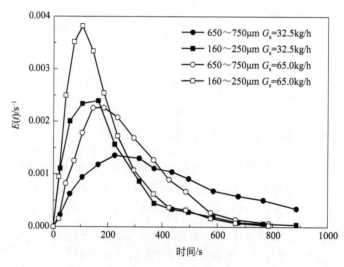

图 3.19　有挡板时不同固相进料速率下床内粗、细颗粒 RTD 曲线

3.4　本章小结

本章探究了纵向内构件对流化床内颗粒停留时间分布、返混、平均停留时间及粗、细颗粒平均停留时间差别的影响，得出以下结论：

（1）在流化床中加入纵向挡板，可以有效地抑制颗粒返混，使颗粒流动由全混流向平推流转变，但与理想平推流还有较大差距，设置 3 个纵向内构件的流化床，抑制返混效果接近 2 级全混流串联。

（2）对于纵向内构件纵向绕流气固流化床，内构件对流化床内粗、细颗粒平均停留时间差别的调控能力较弱，粗、细颗粒 MRT 基本相同，粗、细颗粒 MRT 比值远达不到其同步转化所需的理论比值，尚需发展新的粗、细颗粒 MRT 调控方法。

（3）对十纵向内构件横向绕流气固流化床，通过对挡板开口高度位置的设计，以限制粗颗粒的通过能力，进而借助改变气速和进料速率实现对粗、细颗粒 RTD 的有效调控。

参 考 文 献

杨阿三，王樟茂，陈甘棠，1998. 细颗粒进料在粗颗粒流化床中的分散与混合：Ⅰ停留时间分布. 化学反应工程与工艺，14：6-16.

赵虎，2017. 流化床中不同粒径颗粒停留时间及其分布的调节研究［D］. 北京：中国科学院大学.

Bi J，Yang G，Kojima T，1995. Lateral mixing of coarse particles in fluidized-beds of fine particles. Chemical Engineering Research & Design，73：162-167.

Gao W，Zhang J，Wang Y，et al，2012. Residence time distribution of particles in a bubbling fluidized bed with their continuous input and output. The Chinese Journal of Process Engineering，12：9-13.

Hu J，Dong L，Wang Y，et al，2010. Fluid dynamics in laboratory U-shaped fluidized bed. CIESC Journal，61（12）：3100-3106.

Lim K S，Gururajan V S，Agarwal P K，1993. Mixing of homogeneous solids in bubbling fluidized beds：Theoretical modelling and experimental investigation using digital image analysis. Chemical Engineering Science，48（12）：2251-2265.

Lim L C，Tasirin S M，Ramli W，et al，2004. The effect of vertical internal baffles on fluidization hydrodynamics and grain drying characteristics. Chinese Journal of Chemical Engineering，12：801-808.

Mallon R G，1984. Staged fluidized bed：US4481080A. 1984-11-06.

Pongsivapai P，1994. Residence time distribution of solids in a multi-compartment fluidized bed system［D］. USA：Oregon State University.

第 4 章

鼓泡-快速复合流化床颗粒停留时间调控

4.1　引言

第 3 章的研究结果表明，纵向挡板纵向绕流气固流化床调节宽筛分粉体粗、细颗粒停留时间差异的能力较弱，粗、细颗粒的平均停留时间差别很小，难以满足粗、细颗粒同步转化的需求。纵观流态化相关文献，很难找到专门针对宽筛分粉体粗、细颗粒停留时间调控的研究，但由于流化床固相加工粉体多涉及宽筛分，粉体中粗、细颗粒粒径相差 3～5 倍实属正常，这种调控有着实际的需求，因此，研发具有粗、细颗粒停留时间调控能力的流化床既可满足实际需求，也具有理论意义，还可丰富流态化知识，推动流态化学科的发展。

实际上，作者关于粗、细颗粒停留时间调控的想法和思路也来自工业实践。为了推进流态化磁化焙烧技术发展，与云南曲靖越钢集团公司合作，建立了 10 万吨/年难选铁矿流态化磁化焙烧工程示范，最开始采用了循环流化床进行磁化焙烧，从提升管中部进料、循环料腿底部出料。在示范工程调试初期，发现铁回收率不高，一般都在 85% 以下，与期望值 90% 有些差距。经过分析，认为循环流化床内颗粒返混对 Fe_3O_4 转化率和选择性影响较大，也存在粗颗粒转化不完全问题。由此想到，若粗、细颗粒平均停留时间比与其理论转化时间比相匹配，可获得最好的转化率和选择性，但当时对于如何实现粗、细颗粒同步转化却找不到可借鉴的资料。鉴于循环流化床已建成，完全重新设计一个新流化床涉及与原系统的衔接，工程量偏大，所以，提出了对循环流化床改造的方案，即在提升管中部开口作为粗颗粒出口，旋风收集细物料不再返回提升管，直接作为焙烧产品进入后续系统，由此形成了鼓泡-快速复合流化床磁化焙烧方案。

2008 年金融危机后，该 10 万吨工程示范因经济原因既无法运行，也不具备改造条件，因此决定利用这段时期对鼓泡-快速复合流化床磁化焙烧可行性进行研究，为此专门在实验室搭建了冷态模拟装置，用以研究该床型对粗、细颗粒平均停留时间差异的调控能力和调控规律，本章为此研究的主要结果。

4.2　实验装置、物料及测量方法简介

（1）实验装置　实验所用装置如图 4.1 所示，整个流化床为有机玻璃材质，流化段为 $\phi70mm \times 5580mm$，物料由料仓经螺旋加料器进入进料阀，从流化床底部分布板上方加入流化床中，物料通过两个出口排出，一个设置于距离分布板上方 1.5m 处，后续称为侧出口，供粗颗粒溢流排出，另一个设在旋风分离器底

部，供旋风收集的细颗粒排出，后续称为上部出口，在侧出口和上部出口下均接有料罐。流化床气体分布板安装七个风帽，在分布板下部设有风室。

气体由罗茨鼓风机鼓出，经过油水分离器和干燥器干燥后，由转子流量计（LZJ-40F，量程 5~60m³/h，浙江省余姚市银环流量仪表有限公司）计量后从风室进入流化床，完成流化后经二级旋风分离器排出，再经布袋除尘器净化后排入空中。

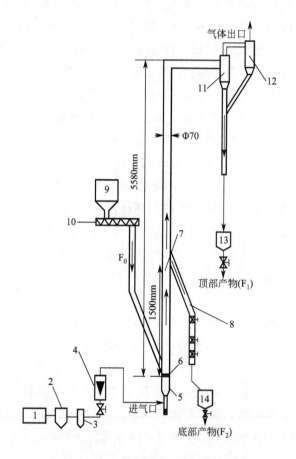

图 4.1 鼓泡-快速复合流化床实验装置

1—鼓风机；2—油水分离器；3—减压阀；4—转子流量计；5—气室；6—风帽；7—流化床；8—侧出口；

9—储料罐；10—螺旋加料器；11——级旋风分离器；12—二级旋风分离器；13—顶部料罐；14—底部料罐

（2）实验物料 为了模拟宽筛分物料，购买了三种不同尺寸的玻璃珠，其形貌如图 4.2 所示，可见该玻璃珠为近球形颗粒，其粒径分布如图 4.3 所示，根据该粒径分布计算得到三种粉体的平均粒径分别为 89.5μm、193.5μm 和 294.5μm，后续分别将这三种颗粒称为细颗粒、中颗粒和粗颗粒。其主要性质列于表 4.1。通过将这三种粒径粉体按不同比例混合，得到粒径分布不同的宽筛分粉体，用于研究粗、细颗粒停留时间随操作条件变化的规律。

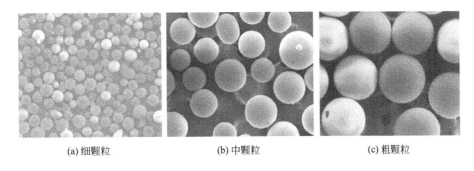

(a) 细颗粒　　　　　　　(b) 中颗粒　　　　　　　(c) 粗颗粒

图 4.2　颗粒的 SEM 形貌

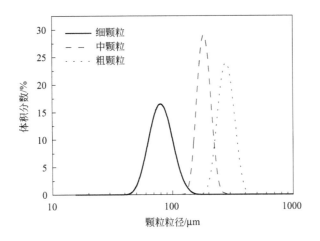

图 4.3　颗粒粒径分布

表 4.1　球形玻璃珠性质

性质	细颗粒	中颗粒	粗颗粒
筛分粒径/μm	47～120	146～234	193～355
Sauter 平均粒径(d_p)/μm	89.5	193.5	294.5
颗粒密度(ρ_p)/(kg/m^3)	2591	2591	2591
最小流化速度(U_{mf})/(m/s)	0.0083	0.037	0.084
终端速度(U_t)/(m/s)	0.35～0.54	1.08～1.32	1.22～2.35

通过粉体两两混合，设计了 4 种宽筛分粉体，分布称为粉体 Ⅰ～Ⅵ，如表 4.2 所列，其中 Ⅰ 到 Ⅲ 为中颗粒和细颗粒混合，细颗粒比例分别为 0.25、0.50 和 0.75；粉体 Ⅵ 由 0.50 的粗颗粒和 0.50 的细颗粒混合而成，与粉体 Ⅱ 的细颗粒比例相同，都是 0.50，但粗粉粒径不同；另外，分别将细颗粒和中颗粒粉体记为 Ⅴ 和 Ⅵ。

表 4.2　宽筛分混合粉体组成

粉体编号	混合种类	粒径比	粗颗粒比例（X_C）
Ⅰ	中/细	2.2	0.25
Ⅱ	中/细	2.2	0.50
Ⅲ	中/细	2.2	0.75
Ⅳ	粗/细	3.3	0.50
Ⅴ	细	—	0
Ⅵ	中	—	1

（3）实验步骤及测量方法　实验开始前，称取一定的物料装入流化床内，并在螺旋加料器上方料罐中加料密封。实验时，调节转子流量计至设定值，使流化气体进入流化床，再根据设定的加料速率，调节螺旋进料器频率，使物料由料仓经螺旋加料器、料阀进入流化床内，物料经流化床后分别从两个出口排出，待流化床连续操作一段时间后，将两个储料罐混合并进行筛分，当流化床排出物料组成与进料组成基本一致时，可认为流化床内的物料组成已达到平衡状态。当实验条件改变后，需重新测定，确保所有分析都在流化床运行达到平衡状态下进行。当流化床在平衡状态运行一定时间后，切断气源并停止进料，将流化床内的物料排出进行筛分和称重，记录各项数据，为了减小出料波动带来的误差，每个条件至少重复测量三次，取平均值。采用式（4.1）计算每一粒级物料的平均停留时间。

$$\tau_i = \frac{W_i}{F \times x_i} \tag{4.1}$$

$$MR = \frac{\tau_c}{\tau_f} \tag{4.2}$$

$$S = \frac{侧出口排出物料量}{侧出口排出物料量＋上部出口排出物料量} \tag{4.3}$$

式中，τ_i 为 i 粒级颗粒的平均停留时间，s；W_i 为流化床中 i 粒级颗粒的质量，kg；F 为加料速率，kg/s；x_i 为进料粉体中 i 粒级颗粒的质量分数；MR 为粗颗粒和细颗粒平均停留时间的比值；τ_c 和 τ_f 分别为粉体中粗颗粒和细颗粒的平均停留时间。通过测定不同粒级颗粒的平均停留时间 τ_i，就可根据式（4.2）计算粗、细颗粒平均停留时间的比值 MR，进而与其完全转化所需理论时间的比值进行对比。由于粉体从侧出口和上部出口两个出口排出，定义 S 为从侧出口排出物料的比例，S 的计算公式如式（4.3）。

4.3 鼓泡-快速复合流化床颗粒停留时间调控区间与影响因素分析

4.3.1 鼓泡-快速流化床停留时间调控区间

对于鼓泡-快速流化床停留时间调控，首选需要明确其操作区间。流化床操作一般可人为划分为鼓泡、湍动、输送几个阶段，其他条件相同时，具体处于哪个阶段取决于颗粒粒径。由于本章研究粉体具有宽筛分特性，所以在同一气速下不同粒径颗粒可能处于不同的流化阶段。特定粒径颗粒的起始流化速度（U_{mf}）和终端速度（U_t）可用经验关联公式（4.4）（Lewis，1949）和式（4.5）（李洪钟 等，2002）分别估算。

$$U_{mf} = \rho_p g \frac{\varepsilon_{mf}^3 d_p^2}{154 \mu_f (1 - \varepsilon_{mf})} \tag{4.4}$$

$$U_t = \psi \frac{Re_t \mu_f}{d_p \rho_f} \tag{4.5}$$

其中：   当 $Ar \leqslant 18$ 时，$Re_t = Ar/18$ （4.6）

当 $18 \leqslant Ar \leqslant 82500$ 时，$Re_t = \left(\dfrac{Ar}{7.5}\right)^{\frac{1}{1.5}}$ （4.7）

当 $Ar > 82500$ 时，$Re_t = 1.74\sqrt{Ar}$ （4.8）

$$Ar = \frac{d_p^3 g \rho_p \rho_f}{\mu_f^2} \tag{4.9}$$

式中，ε_{mf} 为起始流化状态下的床层空隙率；μ_f 为气体黏度，kg/(m·s)；d_p 为颗粒直径，m；ρ_p 为颗粒密度，kg/m³；ρ_f 为气体密度，kg/m³。

ψ 为颗粒的形状系数，列于表 4.3。

表 4.3 颗粒的形状系数

颗粒形状	圆形	棱角形	粗糙圆形	椭圆形	扁面形	无定形细粒与灰尘	常见灰尘（圆形/椭圆形）	球形
ψ	0.77	0.66	0.64	0.57	0.45	0.59	0.54	1.0

图 4.4 是根据上述公式计算得到的结果，可用其分析鼓泡-快速复合流化床的操作范围。根据公式估算，实验所用粉体的 U_{mf} 都小于 0.1 m/s，细粉体、中粉体和粗粉体的 U_t 分别大致为 0.5 m/s、1.3 m/s 和 2.0 m/s。因此，可以预测，若复合流化床操作在低于 0.5m/s 的气速下，粗、中、细粉体将处于鼓泡流化状态，粗、中、细粉体主要从流化床侧出口排出；若操作在 0.5～1.3m/s 时，此时表观气速高于细颗粒终端速度，但低于粗、中粉体的终端速度，细颗粒将主要从上部出口排出，而粗、中颗粒主要从侧出口排出；当操作在 1.3～2.0m/s 时，中、细粉体将主要从上部排出，而粗粉体主要从侧出口排出；当表观气速超过 2.0m/s 时，所有粉体都将主要从上部出口排出。

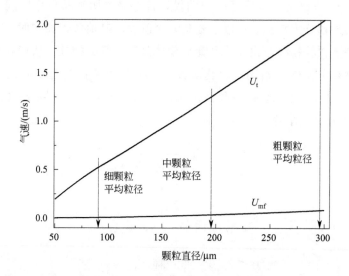

图 4.4 粒径对起始流化速度和终端速度的影响

为了验证上述分析，对表 4.1 中 Ⅰ～Ⅲ 粉体在不同气速下侧出口出料比例进行了测定，结果如图 4.5 所示。与上段分析的类似，当操作表观气速在 0.5m/s 时，三种粉体侧出口排出率都在 95% 左右，只有少部分粉体从上部出口排出，本实验采用的细粉体也有一定的粒径分布，有部分细粉的终端速度低于 0.5m/s，因而从上部出口排出。随着气速的增加，三种粉体从侧出口排出的比例都下降，只是程度有所不同，中颗粒比例越高，下降得越慢，当操作表观气速达到1.3m/s时，只有不到10％的粉体从侧出口排出。

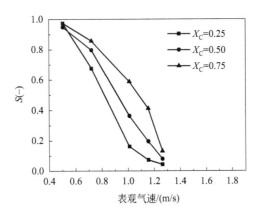

图 4.5　表观气速对侧出口排出物料比例的影响

由上述分析及实验结果可知，当操作气速低于所有粒级颗粒的终端速度时，复合床的操作状态与普通流化床相似，绝大部分颗粒（无论粗细）从侧出口排出，预计粗、细颗粒停留时间不会有显著的差别；当操作气速高于所有粒级颗粒的终端速度时也是如此。当操作表观气速高于细颗粒的终端速度而低于粗颗粒的终端速度时，粗、细颗粒将会从不同的出口排出，粗、细颗粒的平均停留时间将存在显著差别，预计将可用于调节粗、细颗粒停留时间的差别。

4.3.2　气速对粗、细颗粒停留时间差异的影响

本节采用粒径比为2.2的玻璃珠（表4.2中粉体Ⅰ）作为实验原料，研究气速对粗、细颗粒停留时间以及停留时间比值的影响规律，结果如图4.6所示（赵虎，2017；Zhao et al.，2018）。图4.6（a）显示了粗、细颗粒停留时间比值 MR 随表观气速变化情况，可见，MR 随表观气速的增加先增加后减小，转变点表观气速大致在1.0m/s左右。另外，图4.6（a）也表明 MR 可在1.8～9.0之间调节。实验用粉体的粗、细颗粒粒径比约为2.2，若转化过程由化学反应控制，则粗、细颗粒理论转化时间之比为2.2；若转化过程由内扩散控制，则粗、细颗粒理论转化时间与粒径平方成正比，约为4.84。因此，对于这种鼓泡-快速复合流化床，可通过简单的气速调节，满足粗、细颗粒同步转化所需的2.2～4.8倍的停留时间差别。

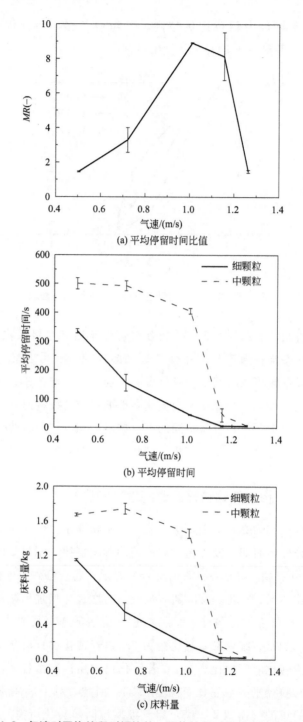

(a) 平均停留时间比值

(b) 平均停留时间

(c) 床料量

图 4.6　气速对平均停留时间比值、平均停留时间和床料量的影响

如前所述，除了作者的研究工作外，鲜有专注于宽筛分粉体每一粒级粉体在流化床中平均停留时间及其差别的研究。以往在研究颗粒分级时，有些报道了不同粒级颗粒在流化床中的平均停留时间。Putten 等（2007）在研究循环流化床中聚乙烯球停留时间分布时发现（聚乙烯球的粒径比为 1.9），当提升管中表观气速在 0.44～0.80 m/s 变化时，粗、细颗粒的停留时间比率可以从 1.3 增加到 2.0，变化幅度不大。Jang 等（2010）在研究 PMMA 与沙子颗粒分级行为时，采用了粒径为 0.715 mm 的 PMMA 和沙子混合物料（粒径相同但密度不同），研究了气速对不同密度颗粒平均停留时间的影响，结果如图 4.7 所示。轻颗粒（PMMA 颗粒）的平均停留时间低于全体颗粒的平均停留时间，而重颗粒（砂子颗粒）的平均停留时间高于全体颗粒的平均停留时间，但从图 4.7 可见，粗、细颗粒 MR 值一般不超过 2～3，通常难以满足粗、细颗粒同步转化对停留时间差别的要求，尤其是转化过程为内扩散控制时。本章提出的鼓泡-快速复合流化床，则可以通过气速调节，第一次使粗、细颗粒 MR 值达到甚至超过其粒径比的平方，完全可满足粗、细颗粒同步转化的需求。

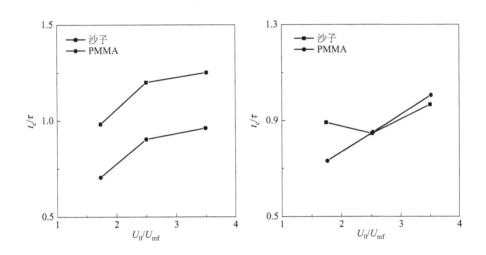

图 4.7　PMMA 与沙子混合物料平均停留时间随气速变化

可以通过粗、细颗粒平均停留时间和床中粗、细颗粒质量随气速变化情况，探究气速对粗、细颗粒停留时间影响的原因。图 4.6（b）显示了粗、细颗粒 MRT 随气速的变化情况，可见，粗、细颗粒 MRT 都随气速的增加而减小，但变化趋势有所不同，细颗粒 MRT 随气速几乎线性地减小，而粗颗粒在表观气速小于 0.8 m/s 及以下时，MRT 随气速变化较小，表观气速超过 1.0 m/s 时快速

减小。这主要是由粗、细颗粒终端速度不同所致，对于细颗粒，其终端速度小于
0.5 m/s，随着气速的增加，基本都被带出鼓泡床层，进入上部稀相快速流化段
中，进而从上部出口排出，因此随着气速的增加，细颗粒被更快地带出流化床，
导致其 MRT 变短。而粗颗粒的终端速度在 1.0～1.3 m/s 间，表观气速在
0.8m/s 以下时，粗颗粒未达终端速度，基本不会从上部出口排出，气速的增加
会导致床层膨胀率增加，床层持料量减小，由此导致粗颗粒 MRT 变小，由于在
该操作区间，床层膨胀变化不大，所以 MRT 变化也不大。当表观气速超过粗颗
粒终端速度后，粗颗粒会被带入快速流化段，使其 MRT 快速减小；当表观气速
高到粗、细颗粒都被很快吹出流化床时，细颗粒和粗颗粒都从上部出口排出，
粗、细颗粒 MRT 又没有什么差别了，其比值接近 1.0。粗、细颗粒 MRT 差别
主要源于流化床中粗、细颗粒料藏量的不同，如图 4.6（c）所示，其原因与前述
气速对粗、细颗粒 MRT 影响类似。

鼓泡-快速复合流化床这种仅气速调节就可在较大范围内调节粗、细颗粒
MRT 差异的能力，可使实际过程获得很好的操作弹性，对于一个实际转化过程，
可通过气速调节至所需的 MR 值，再调节进料速率，使细颗粒平均停留时间等于
其理论转化时间，这样粗颗粒的平均停留时间也等于其理论转化时间，从而可实
现粗细颗粒的同步转化。

图 4.8 显示了进料粒径分布对粗、细颗粒 MR 的影响，实验采用的 I、II 和
III 粉体其中粗颗粒（X_C）比例分别为 25%、50% 和 75%，可见，在同一气速
下，停留时间比率随着粗颗粒比率的增加而增加，随气速都是先增加后减小，表
观气速的转折点都在 1.0 m/s。虽然总体趋势相同，但进料粒径分布对最大 MR
影响显著，其 MR 值从粗颗粒 25% 的 7.2 增加到粗颗粒 75% 的 10.5，这种变化
同样可以归咎于粗、细颗粒停留时间的变化规律，如图 4.9 所示，随着 X_C 的增
加，粗颗粒的停留时间增加，而细颗粒停留时间随 X_C 的变化很小，这是由于在
转折点附近，气速大于细颗粒的终端速度，所以细颗粒的扬析率随 X_C 的增加变
化不大。一般认为粗颗粒在床内受到气体和细颗粒的两种作用力（Choi et al.，
2001），随着进料中细颗粒减少（X_C 的增加），在相同气速下粗颗粒受到细颗粒
的作用力减少，导致粗颗粒的扬析率降低，表现为粗颗粒的平均停留时间随着
X_C 的增加而增加。

4.3.3 粒径比对粗、细颗粒平均停留时间差异的影响

为了进一步研究颗粒粒径比对粗、细颗粒平均停留时间差异的影响，本节分

别采用粗、细颗粒粒径比为 2.2 和 3.3 的两种混合物料进行实验（表 4.2 中 Ⅱ 和 Ⅳ 物料）。两种混合物中的细颗粒比例相同，分别与中颗粒粉体和粗颗粒粉体按相同比例混合而得。

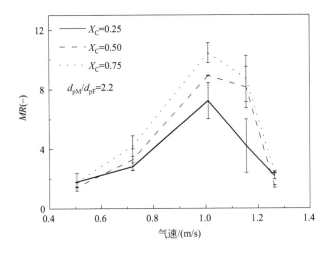

图 4.8　进料比率对平均停留时间比值的影响

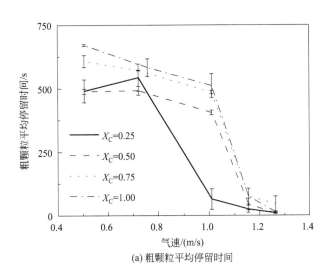

(a) 粗颗粒平均停留时间

图 4.9

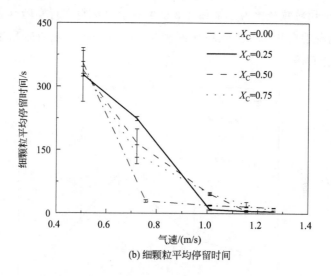

(b) 细颗粒平均停留时间

图 4.9　进料比率对粗、细颗粒平均停留时间的影响

　　粗、细颗粒粒径比对颗粒平均停留时间的影响如图 4.10 所示，可见，两种粉体 MR 随表观气速增加的变化趋势相同，都是先增加后减小。两者的差别仅在于 MR 峰值的表观气速不同，对于粒径比 2.2 的粉体，MR 峰值出现在 1.0 m/s 左右，而对于粒径比 3.3 的粉体，MR 峰值出现在 1.4 m/s 左右。

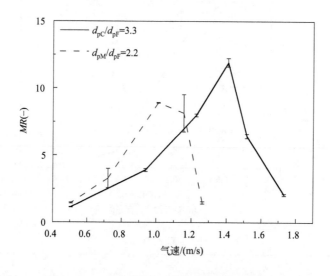

图 4.10　粒径比率对平均停留时间比率的影响

（d_{pC} 为粗颗粒粒径，d_{pM} 为中颗粒粒径，d_{pF} 为细颗粒粒径）

　　图 4.11 显示了不同粒径比率下粗颗粒和细颗粒的平均停留时间,两种颗粒平均停留时间都随气速增加表现为两段下降模式,即先缓慢下降,再快速下降,只是粉体Ⅳ的转折点气速要高于粉体Ⅱ的转折点气速,且两种粉体的转折点气速与图 4.10 中 MR 的最高点气速较为接近。两种粉体中细颗粒的比例相同,在这两种情况下,细颗粒的扬析规律应该比较相似。图 4.11(b)给出了测定的细颗粒平均停留时间,虽然两种变化趋势相同,但粉体Ⅳ中细颗粒在相同表观气速下的 MRT 比粉体Ⅱ中的细颗粒平均停留时间略长,这主要因为不同粒径颗粒对细颗粒扬析影响的不同,随着粒径比率的增加,在相同气速下粗颗粒由于粒径较大,更不容易被吹出床外,因而粗颗粒的床料量要比中间粒径颗粒的床料量大,

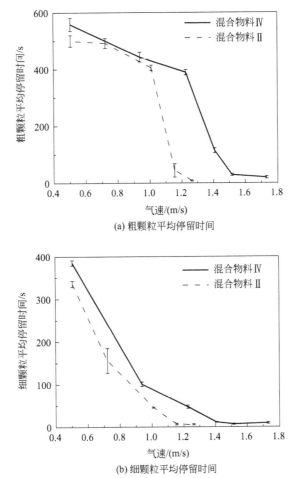

(a) 粗颗粒平均停留时间

(b) 细颗粒平均停留时间

图 4.11　粒径比率对颗粒平均停留时间的影响

相应的Ⅳ中的细颗粒受到气体的作用力要比粉体Ⅱ中的小。因此，混合物Ⅳ中的细颗粒的平均停留时间大于混合物Ⅱ中细颗粒的平均停留时间。

图 4.10 还显示，粒径比越大，复合流化床可调控的 MR 也越大，比如对于粒径比 2.2 的粉体，最大 MR 在 8.2 左右，而对于粒径比 3.3 的粉体，最大 MR 达到 12.0。复合流化床的这种特性对实际应用很具现实意义，对于粒径相差大的粉体，其理论转化时间差别也大，比如对于粒径比 3.3 的粉体，粗、细颗粒同步转化停留时间比值为 3.3～10.9，满足这种差别能力是判断一个反应器能否达到粗、细颗粒同步转化要求的关键。上述研究显示，本章提出的鼓泡-快速复合流化床，仅通过改变表观气速，就可以使粗、细颗粒平均停留时间比值在很宽的范围内调节，粗、细颗粒 MR 最大值大于其粒径比的平方，完全能够满足粗、细颗粒转化过程反应控制、外扩散控制和内扩散控制等不同转化机理下，同步转化对平均停留时间差别的要求。

4.4 本章小结

本章提出了鼓泡-快速复合流化床以解决纵向挡板流化床粗、细颗粒停留时间差别不够大的问题，分析了鼓泡-快速复合流化床的操作范围，研究了气速、粒径分布等对粗、细颗粒平均停留时间差别的影响规律，得到如下结论：

（1）鼓泡-快速复合流化床调节粗、细颗粒的平均停留时间操作范围为：表观气速应等于上部快速床中最大颗粒的终端速度，同时必须大于下部鼓泡床中最大颗粒的初始流化气速。

（2）粗、细颗粒平均停留时间比值随表观气速先增加后减小，最大值（峰值）时表观气速接近粗颗粒的终端速度。

（3）粗、细颗粒平均停留时间比值的峰值随粗、细颗粒粒径比的增加而增加，仅通过改变表观气速，就可以使粗、细颗粒平均停留时间比值从 1.0 至粒径比平方间变化，完全能够满足不同转化机制下粗、细颗粒同步转化对平均停留时间差别的要求。

参 考 文 献

李洪钟，郭慕孙，2002. 非流态化气固两相流-理论及应用. 北京：北京大学出版社.

赵虎，2017. 流化床中不同粒径颗粒停留时间及其分布的调节研究 [D]. 北京：中国科学院大学.

Choi J H, Suh J M, Chang I Y, et al, 2001. The effect of fine particles on elutriation of coarse particles in a gas fluidized bed. Powder Technology, 121: 190-194.

Jang H T, Park T S, Cha W S, 2010. Mixing-segregation phenomena of binary system in a fluidized bed. Journal of Industrial and Engineering Chemistry, 16: 390-394.

Lewis W K, Gilliland E R, Bauer W C, 1949. Characteristics of fluidized particles. Industrial & Engineering Chemistry, 41: 1104-1120.

van Putten I C, van Sint Annaland M, Weickert G, 2007. Fluidization behavior in a circulating slugging fluidized bed reactor. Part I: Residence time and residence time distribution of polyethylene solids. Chemical Engineering Science, 62: 2522-2534.

Yagi S, Kunii D, 1961. Fluidized-solids reactors with continuous solids feed-I: Residence time of particles in fluidized beds. Chemical Engineering Science, 16: 364-371.

Zhao H, Li J, Zhu Q, Li H, 2018. Modulating the mean residence time difference of wide-size particles in a fluidized bed. Chinese Journal of Chemical Engineering, 26: 238-244.

第 **5** 章

横向内构件颗粒停留时间调控

5.1　引言

前面两章中分别研究了纵向内构件和鼓泡-快速复合流化床颗粒停留时间的调控，实际应用中也常采用横向内构件调控流化床内气固流动行为，包括颗粒停留时间分布，图 5.1 显示几种常见的横向内构件流化床（Fish et al.，1957；郝志刚 等，2006）。

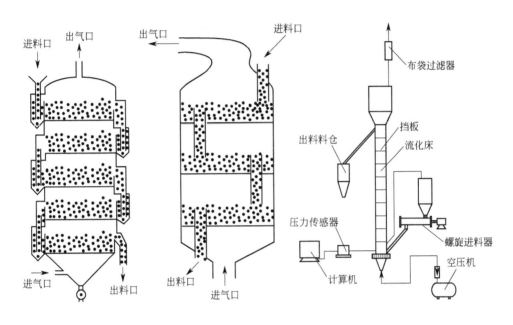

图 5.1　几种典型的横向内构件流化床

尽管横向内构件多用于调节气固流化床中气相停留时间分布（周为民 等，1984），也有一些研究关注横向内构件对固相停留时间分布的影响。Krisrnaiah 等（1982）研究了水平、螺旋等形状内构件对下行床固相停留时间分布的影响，发现内构件能明显改善固体停留时间分布，在某些条件下螺旋状内构件能使颗粒以近似平推流形式通过下行床。Kuo 等（2006）研究了水平多孔挡板对固相停留时间分布的影响，采用气固逆流操作，固体颗粒从流化床上部加入下部排出，研究发现在相同的表观气速下，添加一块水平挡板可使颗粒平均停留时间增加40％。这些研究主要关注横向内构件对颗粒停留时间分布的影响，没有关注内构件对不同粒级颗粒停留时间的影响。

作者在开展攀西钛精矿氧化-还原焙烧研究时，搭建了多级水平挡板流化床冷态实验装置，采用下进料上出料的并流操作模式，实验物料为粒径为 0.04～1.0mm 的钛精矿颗粒，研究了表观气速和加料速率对宽筛分粉体不同粒级颗粒平均停留时间的影响，发现不同粒级颗粒平均停留时间随粒径增加趋势基本相同，都是先增大再趋于稳定，但低气速下，不同粒径颗粒 MRT 相差较小。随着气速的增加，不同粒径颗粒 MRT 差别变大。尽管当时研究的目标不是调节不同粒径颗粒在流化床中的平均停留时间，但研究结果显示改变气速可以一定程度上调控粗、细颗粒 MRT，这给粗、细颗粒停留时间调控提供了新的思路。

后续作者又对横向内构件对宽筛分粉体粗、细颗粒停留时间调控进行了系统深入的研究，考察了宽筛分颗粒粒径分布、进料速率、操作气速、挡板数目、挡板参数（形式、开孔率、孔径）等众多因素对粗、细颗粒 MRT 的影响规律，探讨了横向内构件调节粗、细颗粒 MRT 的机理（张立博，2018），本章正是这些研究的主要结果。

5.2　实验装置、物料及测量方法简介

（1）实验装置　实验装置流程图如图 5.2 所示，主要由供气系统、气体计量与调节和连续进出料流化床等组成。供气系统主要由螺杆式空气压缩机（SA-350A-7 型，北京复盛机械有限公司）和油水分离器等组成，气体流量由转子流量计（LZB-40 型，余姚工业自动化仪表厂）控制与调节。

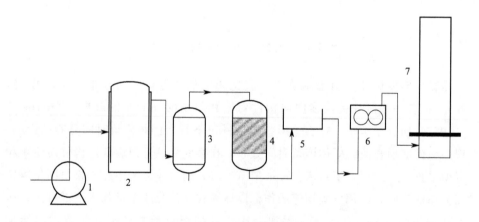

图 5.2　实验装置流程图

1—螺杆式空气压缩机；2—压缩空气储罐；3—除油器；4—除湿器；

5—压力调节器；6—转子流量计；7—流化床

　　连续进出料流化床如图 5.3 所示，主要由风室（1）、气体分布板（2）、进料管（3）、料阀（4）、螺旋进料器（5）、流化床体（6）、出料管（7）和储料仓（8）组成。流化床体采用直径 190mm 的透明有机玻璃制成，气体分布板至出料口高度为 600mm，采用溢流自动出料，出料口未设置排料阀；气体分布板为304 不锈钢烧结板，厚度 4mm。螺旋进料器和储料仓的材质为 304 不锈钢。

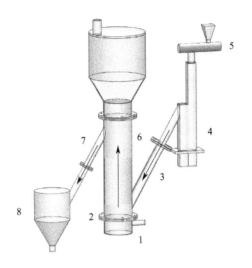

图 5.3　连续进出料流化床

　　（2）实验物料及方法　　实验物料为与第 4 章相同的球形玻璃珠，采用振筛机筛分得到 74～98μm，160～180μm 和 315～355μm 三种不同平均粒径的窄分布颗粒。利用激光粒度仪（LS 13-320 型）测定各粒级颗粒粒径分布，见图 5.4。为

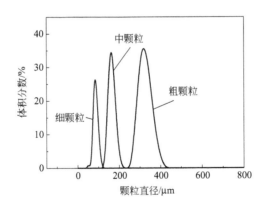

图 5.4　颗粒粒径分布

了简化，后续将 74～98μm，160～180μm 和 315～355μm 的粉体分别称为细颗粒、中颗粒和粗颗粒，三种颗粒的平均粒径分别为 84μm、170μm 和 335μm。实验用宽筛分粉体由这三种粉体按照 1∶1∶1 混合而成，混合物料的平均粒径为 146μm，估算的最小流化速度和终端流化速度分别为 0.017m/s 和 0.87m/s。实验方法与第 4 章相同。

　　（3）床层压降测量　　流化床体上每间隔 20mm 设置一个测压口，共 30 个。此外，气体分布板下方风室处也设置一个测压口，每个测压口的位置示意图如图 5.5(a) 所示。床层压降可由流化床层总压降（P_0）与由于气体分布板和内构件阻力所形成的压降（ΔP_f）之差获得。分布板及内构件压降随气速增大而增大，正式实验前先测定不同表观气速下空床分布板及内构件压降值，实际实验扣除各气速下分布板及内构件压降，得到床层的实际压降。床层压降由 12 路压力传感器（北京传感星空自控技术有限公司）测量，采样频率为 100Hz，采样时间为 5min，如图 5.5(b)。

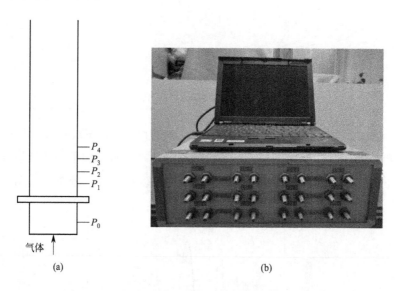

图 5.5　测压口位置（a）及测压装置（b）示意图

　　（4）床层物料组成测量　　通过床层塌落法和在线取样法两种方法获得床层物料组成，对无内构件流化床，采用床层塌落法测量，而内构件流化床则采用在线取样法测量。当采用床层塌落法测量时，在床内物料达到平衡后，切断气源并停止进料，待床层完成塌落后，采用小型吸尘器由床层自上而下，每隔一定高度进行吸取物料，并将所吸取的物料进行筛分和称重。

由于内构件在物料塌落过程会阻碍物料下落，可能改变轴向物料组成，因此采用在线取料方法（Zhang et al.，2012）以准确获取物料轴向组成分布。流化床体上每隔 20mm 设置一个取样口，取样口上黏结一段有机玻璃管（直径 6mm，长 30mm），有机玻璃管连接一段硅胶软管，并用止水夹密封。当流化床运行达到平衡时，在硅胶软管后接一取样瓶，打开止水夹，物料在床内压力作用下进入取样瓶中，取样时间为 5～10s。将所取物料进行筛分和称重，即可获得该处床内物料组成。

（5）床层空隙率测量　床层空隙率 ε 可通过测定床层压降按式（5.1）计算获得：

$$\varepsilon = 1 - \frac{\Delta P}{h \rho_p g} \tag{5.1}$$

式中，ΔP 为床层压降，Pa；h 为床层压降测量对应的床高，m；ρ_p 为颗粒密度，kg/m^3；静止床层的空隙率 ε_0 按式（5.2）计算：

$$\varepsilon_0 = 1 - \frac{W}{\rho_p V} = 1 - \frac{W}{\rho_p A_t h_0} \tag{5.2}$$

式中，W 为床层中颗粒物料的质量，kg；V 为物料层的体积，m^3；A_t 为流化床截面积，m^2；h_0 为物料静床高，m。流化床初始床层空隙度 ε_{mf} 可按下式计算：

$$\varepsilon_{mf} = 1 - \frac{\Delta P}{h_{mf} \rho_p g} \tag{5.3}$$

式中，h_{mf} 为最小流化速度时床层膨胀高度，m。

（6）横向内构件　为了研究横向内构件对宽筛分各粒级颗粒停留时间的调控作用，选择了多孔挡板图 5.6（a）～（g）、导向挡板［图 5.6（h）］和栅格挡板［图 5.6（i）］等内构件作为横向内构件的代表，以多孔挡板为主。多孔挡板的主要参数为挡板开孔率和开孔孔径，挡板开孔率一般为 10%～40%，至于挡板开孔孔径设计并没有详细的研究，通常开孔孔径为床内颗粒粒径的数倍以上即可（郭慕孙 等，2007）。为了考察挡板开孔率和孔径的影响，设计了开孔率为 10.0%、16.7%、25.0% 和 35.0%，以及孔径为 5mm、10mm、20mm 和 32mm 的多孔挡板。借鉴文献研究（Zhang et al.，2014；Zhang et al.，2012），导向挡板由单旋叶组成，叶片长度为 14mm，厚度为 3mm，倾角为 45°，叶片间隔为 10mm。栅格内挡板叶片长度为 28mm，厚度为 3mm，倾角为 45°，叶片间隔为 10mm，且相邻两列叶片倾斜方向相反。所有水平内构件中心开孔，采用螺旋杆将其固定在流化床中某一高度。

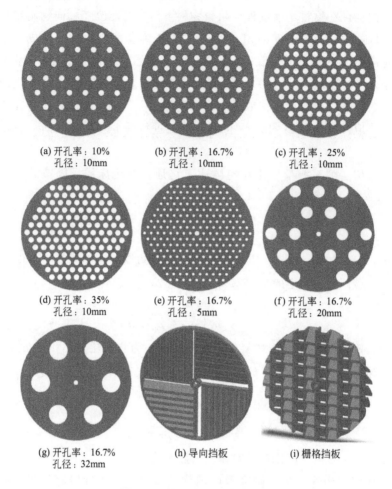

(a) 开孔率：10%
孔径：10mm

(b) 开孔率：16.7%
孔径：10mm

(c) 开孔率：25%
孔径：10mm

(d) 开孔率：35%
孔径：10mm

(e) 开孔率：16.7%
孔径：5mm

(f) 开孔率：16.7%
孔径：20mm

(g) 开孔率：16.7%
孔径：32mm

(h) 导向挡板

(i) 栅格挡板

图 5.6　横向内构件结构参数

5.3 操作条件对无内构件流化床中粗、细颗粒平均停留时间的影响

5.3.1 操作气速对流化床达到稳态时间的影响

首先研究了操作气速对流化床达到稳定状态时间的影响，进料速率控制在 15kg/h，操作气速控制在混合物料的最小流化速度与细颗粒的终端速度之间，以防止细颗粒物料的损失。实验主要测定了流化床出口颗粒组成随时间的变化，图 5.7 显示了流化床出口不同粒级颗粒浓度随时间变化。在 6 倍最小流化速度下

（$U_g/U_{mf}=6$），出口粗、细颗粒浓度随时间变化较为缓慢，开始时粗颗粒浓度明显低于中颗粒和细颗粒，但中颗粒和细颗粒浓度变化不大，粗颗粒随时间慢慢增加，到约 2.6h 时，出口颗粒浓度基本达到平衡状态，如图 5.7(a) 所示。当操作气速提高到 23 倍最小流化速度时，刚开始排出物料细颗粒明显高于进料值的 33.3%，达到 40%，而中颗粒和细颗粒则明显低于进料值，随着操作时间的延长，出口细颗粒浓度逐渐减小，中颗粒和粗颗粒浓度逐渐增加，在操作约 2h 时出口粗、细颗粒浓度基本达到平衡状态，此时测得的出口处组成中粗颗粒含量为 32.5%，中颗粒含量为 33.0%，细颗粒含量为 34.5%。

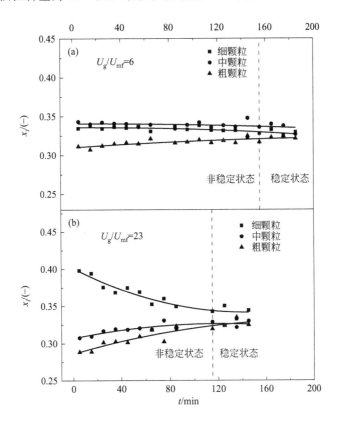

图 5.7　流化床出料口颗粒浓度随时间变化

上述实验结果显示，流化床达到稳态的时间较长，在 2～3h 间，且提高表观气速可缩短流化床达到稳态的时间。另外，从图 5.7 数据可见，达到稳定状态时，出口粗、细颗粒组成只是接近进料组成，与进料值并不完全相同，这是由于实验操作存在一定的实验误差所致。

5.3.2 粒径分布的影响

已有研究中，对操作气速、颗粒粒径大小、进料速率等参数对颗粒平均停留时间影响的研究较多，但对宽筛分粉体粒径分布如何影响颗粒停留时间则未见相关研究。为此，本章采用前述的粗、中、细三种颗粒不同混合配置了平均粒径相同、粒径分布不同的三种宽筛分粉体，三种粒径分别为宽筛分、高斯分布和双峰分布三种不同粒径分布（Gauthier et al.，1999），详见表 5.1，其中宽筛分物料组成与 5.2.2 中的宽筛分颗粒组成相同。

表 5.1　物料类型及粒径分布

分布类型	平均粒径/μm	筛分粒径/μm	质量分数(x_i)/%
宽筛分	146	86	33.3
		170	33.4
		335	33.3
高斯分布	146	86	25.0
		170	60.0
		335	15.0
双峰分布	146	86	40.0
		170	14.0
		335	46.0

为更直接观察宽筛分、高斯分布和双峰分布三种不同粒径分布，采用激光粒度仪（LS 13-320 型，贝克曼库尔特公司，美国）进行粒径分析，结果见图 5.8。

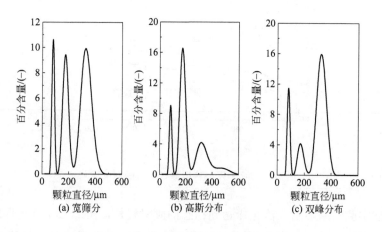

图 5.8　三种粉体粒径分布

在 $U_g/U_{mf}=23$ 和 15kg/h 的加料速率下，测量了三种粉体在流化床中的

MRT，如图 5.9 所示。图 5.9(a) 显示三种粉体各粒级颗粒 MRT 随粒径增大而增大，虽然变化趋势相同，但三种粉体的 MRT 还略有差别，高斯分布粉体各粒级 MRT 最小，双峰分布的最大，但总体差别不大。为更好对比粒径分布对各粒级颗粒 MRT 差别的影响，将细颗粒（粒径标记为 d_f）作为参考颗粒，以无量纲颗粒粒径 d/d_f 对无量纲平均停留时间 θ（$\theta = t/t_f$）作图，如图 5.9(b) 所示，可见宽筛分粉体中颗粒与细颗粒 MRT 比值约为 1.61，而双峰分布和高斯分布粉体的中颗粒与细颗粒 MRT 比值约为 1.46，宽筛分比其他两种分布的比值略高，粗颗粒与细颗粒 MRT 比值变化也是如此。整体而言，颗粒粒径分布对宽筛分颗粒不同粒级颗粒 MRT 差别有些影响，但并不十分显著。尽管以往研究（Sun et al.，1990；1992）认为颗粒粒径分布影响颗粒的流化特性，宽筛分颗粒流化床中气泡直径较小，床层压力波动较小而床层膨胀较大，且流化质量优于双峰分布的颗粒，但从图 5.9 的结果来看，粒径分布对各粒级颗粒 MRT 没有显著的影响，因此，为了简化实验，后续都采用宽筛分粉体作为对象进行 MRT 调控研究。

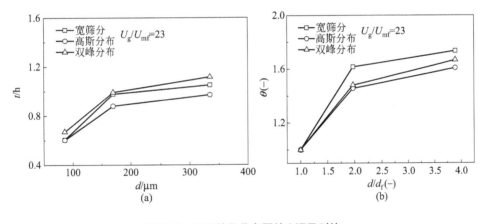

图 5.9　不同粒径分布颗粒 MRT 对比

5.3.3　进料速率的影响

进料速率（F）对颗粒平均停留时间的影响显而易见，其他条件不变时，颗粒平均停留时间随进料速率增加而减小，然而进料速率对宽筛分颗粒中各粒级颗粒平均停留时间是否有影响，则未见研究报道。为了探明此问题，分别以 5kg/h、10kg/h、15kg/h 和 20kg/h 的加料速率，考察流化床中宽筛分颗粒中各粒级颗粒 MRT 变化情况。

图 5.10(a) 为 12 倍最小流化速度下粗、中、细颗粒 MRT 随进料速率的变

化，可见细颗粒 MRT 最小，而粗、中颗粒 MRT 几乎相同，说明床中细颗粒比例小于其在进料中的比例，更多比例的细颗粒被吹出流化床。粗、中、细颗粒 MRT 都随进料速率增加而逐步减小，且三者的变化趋势基本一样；当进料速率从 5kg/h 增加至 4 倍（20kg/h）时，颗粒 MRT 大致降低为 5kg/h 的 1/4，以细颗粒为例，其 MRT 在 5kg/h 时为 2.90h，20kg/h 则降为 0.75h。这也比较好理解，因操作气速不变，床层料藏量也基本不变，所以颗粒 MRT 大体上就反比于进料速率。

图 5.10(b) 为不同进料速率下不同粒级颗粒间 MRT 的差别，可见粗、细颗粒 MRT 比值随进料速率增加而增加，如进料速率由 5kg/h 增至 20kg/h，粗、细颗粒 MRT 比值由 1.27 增至 1.47。究其原因，增加进料速率相当于增加了进料管截面上的颗粒含量，使得该截面上空隙率减少，颗粒间隙气体速度增加，导致更多细颗粒被带出流化床，并同时使流化床内粗颗粒含量增加。另一方面，进料速率增加四倍，粗、细颗粒 MRT 比值只增加了 1.16 倍，中颗粒与细颗粒 MRT 比值也仅增加 1.07 倍，总体变化都不大，意味着仅改变进料速率难以大幅增加粗、细颗粒的 MRT 差别，所以，在后续实验研究过程中，颗粒进料速率恒定为 15kg/h。

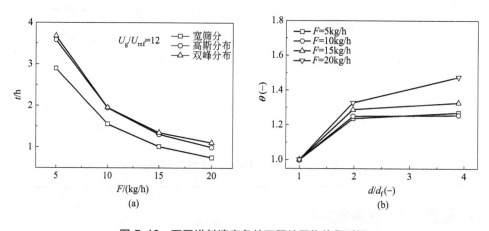

图 5.10　不同进料速率条件下颗粒平均停留时间

5.3.4　操作气速的影响

气速对颗粒平均停留时间的影响也显而易见，颗粒 MRT 一般随气速增加而减小，但气速对宽筛分粉体中各粒级颗粒 MRT 影响则未见详细报道，为此探明气速对宽筛分粉体各粒级颗粒 MRT 的影响，测定了 5～23 倍最小流化气速下粗、细颗粒 MRT，如图 5.11 所示。气速对粗、细颗粒 MRT 的影响呈现两个明显特征：一是各粒级颗粒 MRT 随操作气速增加而减小，这是由于气速增加使床层膨胀增加，床层持料量减小所致；二是不同粒级颗粒 MRT 随气速变化的程度不同，如图 5.11（b）所示，当操作气速为 6 倍流化数时，粗颗粒和细颗粒 MRT 差别较小，其 MRT 比约为 1.1。粗、细颗粒 MRT 比值随操作气速增加而逐渐增加，当气速增加至 23 倍流化数，粗、细颗粒 MRT 比值达到 1.7。由于 23 倍流化数已接近细颗粒的终端速度，进一步增加气速将会使细颗粒被扬析夹带出流化床，造成细颗粒物料损失。

　　由上述实验结果可以得出两个主要结论：一是操作气速对粗、细颗粒 MRT 比值有较大影响；二是仅通过增加气速只能在一定范围内增大粗、细颗粒 MRT 差别，但该差别尚不足以满足粗、细颗粒同步转化要求。因此，需探索其他方法进一步增大粗、细颗粒 MRT 差别，在本节所研究的粒径分布、进料速率和操作气速中，只有操作气速表现出较大影响，所以，有必要进一步探索气速增加粗、细颗粒 MRT 差别的机理，为进一步调控提供参考。

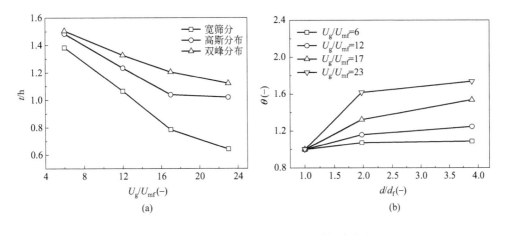

图 5.11　宽筛分颗粒平均停留时间随气速变化

　　为了探明气速增加使粗、细颗粒 MRT 比值增大的原因，采用床层塌落法测量了不同气速下流化床内轴向颗粒浓度分布，图 5.12 分别显示了低气速和高气速下的测量结果。可以看出两个明显的规律，一是各粒级颗粒在流化床内轴向分布基本均匀，粗中细颗粒浓度沿床层基本一致，不存在明显的分级现象。二是床层内粗、细颗粒浓度差别随气速增加而显著增加。图 5.12（a）为低气速（$U_g/U_{mf}=6$）下床层内各粒级颗粒浓度轴向分布，可见床层内各粒级颗粒质量浓度与进料组成（均为 33.3%）比较接近，只是粗颗粒浓度达到 35%，略高于进料浓度；而细颗粒浓度为 30%，略低于进料浓度，中颗粒浓度则与进料基本一致。然而在 $U_g/U_{mf}=23$ 的高气速下，床层内粗、细颗粒浓度差别明显变大，细颗粒质量分数由进料的 33.3% 降至 22%，而粗颗粒质量分数则由进料的 33.3% 增至 44%，如图 5.12(b) 所示。另外，中颗粒浓度也略有增加，达到 36% 左右。

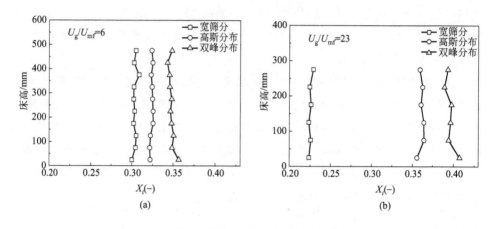

图 5.12　宽筛分颗粒中不同粒级颗粒浓度轴向分布

图 5.12 显示，与低气速相比，高气速下更高比例的细颗粒被排出流化床，说明气速对粗、细颗粒排出流化床有较大影响。为了探究气速影响粗、细颗粒 MRT 的原因，专门观察了不同气速下的排料方式，图 5.13 为不同气速下流化床排料方式的照片，可见在低气速下（$U_g/U_{mf}=6$），流化床内颗粒接近于以溢流方式排出床外，床层料面高度只是略低于流化床排料口高度。随着操作气速的提高，床层料面高度显著降低，操作气速越高，流化床料面高度与流化床排料口差距越大，如图 5.13 所示。在较高气速下（$U_g/U_{mf}=17$ 和 23），流化床出料口与床层料面之间存在一定高度的"稀相区"，颗粒只能通过弹射越过稀相区才能排出流化床。研究显示，颗粒因气泡破碎弹射出料面进入"稀相区"，颗粒获得弹射速度过程遵循动量守恒或能量守恒（Milioli et al.，1995；Briens et al.，1988），细颗粒相对粗颗粒可获得较大的弹射速度，因此，细颗粒比粗颗粒有更大的概率被弹射出流化床，造成流化床内细颗粒减少，粗颗粒增加。综上所述，气速较低时"稀相区"几乎不存在或者高度很小，颗粒几乎以溢流方式排出，气泡破碎所弹射的颗粒大部分来不及分离均被带出流化床，所以粗、细颗粒在流化床内轴向浓度差别较小，因而粗、细颗粒平均停留时间相差不大。随气速增加，"稀相区"高度逐步增加，使粗、细颗粒在该段范围内分离程度增加，细颗粒更

快地排出流化床，粗颗粒更多地返回流化床，使流化床中细颗粒减少、粗颗粒增加，从而增大了粗、细颗粒 MRT 的差别。

(a) $U_g/U_{mf}=6$　　(b) $U_g/U_{mf}=12$　　(c) $U_g/U_{mf}=17$　　(d) $U_g/U_{mf}=23$

图 5.13　不同气速条件下宽筛分颗粒排料方式

5.3.5　无内构件流化床粗、细颗粒停留时间调控能力分析

关于颗粒粒径分布、进料速率和气速对粗、细颗粒停留时间调控影响的研究表明，进料速率和颗粒粒径分布对其调控能力较弱，而气速则显示比进料速率和颗粒粒径分布更强的调控能力，并且在实际应用过程中进料速率和粒径分布都属于难以大幅改变的参数。前者决定于产量，虽然可以在设计时对进料速率与流化床参数进行匹配，但一旦设计确定，在实际操作过程一般不会大幅改变；后者则由粉体本身性质决定，多数情况下在实际运行过程中难以改变，这也决定了实际运行过程难以通过改变这两个参数来大幅调控停留时间。与此相比，可以在一定范围内对操作气速进行较大的改变，操作气速相差几倍在实际运行过程中也很容易做到，因此，通过操作气速调控颗粒停留时间更具现实意义，也更具可操作性。

前已述及，宽筛分粉体在流化床中停留时间最佳的分布是每一粒级的平均停留时间都与其理论完全转化时间相匹配，由式（1.1）～式（1.3）可知，假定转化反应为一级，不同控制机制下，颗粒完全转化所需时间（τ）与粒径或粒径平方成正比。图 5.14 是无内构件流化床内粗、细颗粒 MRT 比值与化学反应控制下其同步转化所需理论比值的对比，图中横坐标为无量纲粒径（以细颗粒粒径 d_f 为基准），纵坐标为以细颗粒 MRT 为基准的无量纲时间 θ（$\theta=t/t_f$）。可见，对于粒径相差 4 倍的宽筛分粉体，在无内构件流化床中粗、细颗粒 MRT 比值最大能达到 1.7，远小于化学反应控制所需的理论比值 4.0。由于若继续增加气速，细颗粒将被气体夹带出床外，仅通过气速调控无法进一步增加粗、细颗粒的 MRT 差别，这也说明，宽筛分颗粒在无内构件流化床中难以实现粗、细颗粒的同步转化。

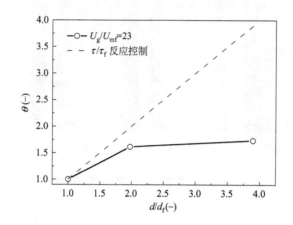

图 5.14　宽筛分颗粒平均停留时间与反应时间理论值差别

从上述调控机理分析可知，形成"稀相区"可增加粗、细颗粒 MRT 的差别，尽管只能使粗、细颗粒 MRT 比值达到 1.7，但如果在流化床中多构造几个"稀相区"，每一个都产生 1.7 倍左右的差别，多级"稀相区"串联就有望在更大程度上调控粗、细颗粒的 MRT 差别，而通过在流化床中添加横向内构件，就可构筑多个稀相区，因此下面将研究横向内构件对粗、细颗粒 MRT 调控的影响规律。

5.4　内构件对粗、细颗粒平均停留时间调控研究

5.4.1　内构件对流化床达到稳态时间的影响

为了探明内构件对流化床运行的影响，测定了设置内构件（多孔内构件数目＝4；开孔率＝16.7％；孔径＝10mm）后，流化床排料组成随时间的变化，并与无内构件时进行对比，如图 5.15 所示。设置内构件后，明显缩短了流化床达到稳态的时间，由无内构件时的约 120 min ［图 5.7(b)］缩短至 4 块内构件时

的 60min，可能由于内构件使细颗粒相对其他粒级颗粒更快排出流化床，使床内藏量组成短时间内达到平衡状态。另外，内构件还显著改变了初始排料粉体组成，如对无内构件流化床，排料 5min 时出口处物料组成则为 40％细颗粒、31％中颗粒和 29％粗颗粒［图 5.7(b)］；而对四挡板流化床，排料 5min 时出口处物料组成则为 66％细颗粒、24％中颗粒和 10％粗颗粒，添加内构件后初始排料中细颗粒含量明显提高，这是由于细颗粒通过每一级内构件的概率都比粗颗粒高，刚开始运行时，细颗粒会先于粗颗粒通过各层内构件达到出口，造成出口组成细颗粒浓度较高。当然随着运行时间的延长，床中粗颗粒逐渐增多，尽管粗颗粒达到上一级内构件概率低于细颗粒，但由于粗颗粒浓度高于细颗粒，粗颗粒排出速率会逐渐升高，与此相同，因床内细颗粒减少，细颗粒排出速率会逐渐降低，当粗、细颗粒出口排出组成接近其进口组成时，流化床运行则接近稳态，达到稳态后，出口排出物料组成大致与进口加料组成相当。

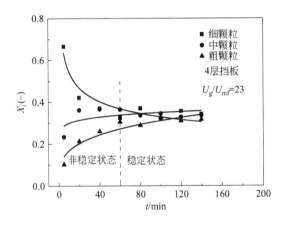

图 5.15　流化床出口组成随时间变化

5.4.2　内构件数目的影响

为了考察内构件数目对宽筛分颗粒停留时间差别的影响，选取图 5.6 中 2 号多孔挡板（开孔率＝16.7％，孔径＝10mm）进行研究。在高度为 600mm 的流化段中，以等间距设置内构件，内构件间距为 600mm/（$N+1$）（N 为内构件数目），因此改变流化床中的内构件数目实质上在改变内构件间距，如图 5.16 所示，这种设置可保证颗粒在流化床中的平均停留时间基本保持不变。

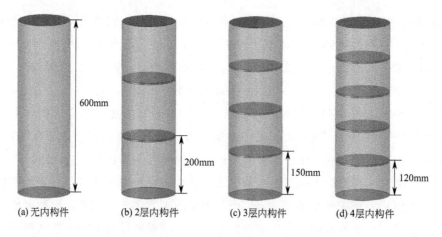

(a) 无内构件   (b) 2层内构件   (c) 3层内构件   (d) 4层内构件

图 5.16   流化床中内构件设置示意图

图 5.17 为内构件数目对不同粒级颗粒停留时间的影响，流化气速设定在 23 倍流化数。图 5.17(a) 对比了没有内构件和两个内构件时各粒级颗粒的平均停留时间，与没有内构件相比，设置 2 块多孔内构件后，细颗粒 MRT 减小，从 0.61h 减小到 0.44h，而粗颗粒 MRT 增加，从 1.05h 增加至 1.25h，中颗粒的 MRT 几乎没有变化。粗、细颗粒 MRT 比值从无内构件的 1.7 增加到两个内构件的 3.0，显著增加了粗、细颗粒 MRT 的差别，说明内构件数目对颗粒 MRT 具有较大的影响。

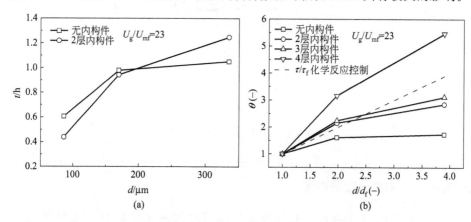

(a)   (b)

图 5.17   内构件数目对宽筛分颗粒 MRT 差别影响

图 5.17(b) 显示了不同内构件数目下无量纲粒径（d/d_f）对无量纲时间 θ 的影响，可见，粗、细颗粒 MRT 比值随内构件数目的增加而增加，当内构件数目为 3 时，粗颗粒的 MRT 比值接近化学反应控制时粗、细颗粒完全转化所需时间之比（图中的虚线），而当内构件数目增加到 4 时，各粒级间的 MRT 比值已超过化学

反应控制时粗、细颗粒完全转化所需的理论比值。以往研究多关注内构件对整体颗粒平均停留时间及停留时间分布的影响，未见有内构件对宽筛分粉体各粒级颗粒MRT 变化影响的报道。本研究不仅是第一个专门研究内构件对粗、细颗粒 MRT差别研究的报道，更是第一次实现粗、细颗粒 MRT 比值可大于颗粒粒径比的报道，这些研究结果将为宽筛分粉体粗、细颗粒同步转化奠定基础。

根据 5.2 的研究结果，宽筛分粉体在流化床中 MRT 差别主要由粗、细颗粒在"稀相区"不同的流动行为决定，内构件对粗、细颗粒 MRT 调控也应主要由此"稀相区"效应引起，为了验证此结论是否正确，利用在线测得的床层压降计算得到床层轴向固含率分布，由此判断内构件流化床稀相区情况。以往研究将床层固含率小于 0.3 的区域定义为稀相区（Guenther et al.，2001），本章也以此作为稀相区的评判标准。图 5.18 是测量得到的床层轴向固含率，可以看出，无内构件流化床中，床层底至 350mm 左右固含率一直稳定在 0.5～0.6，超过360mm 后固含率随床高增加而急剧减小，随床高的增加迅速降低至 0.2 以下，即床层上部存在明显的稀相区，高度大约在 235mm 左右。

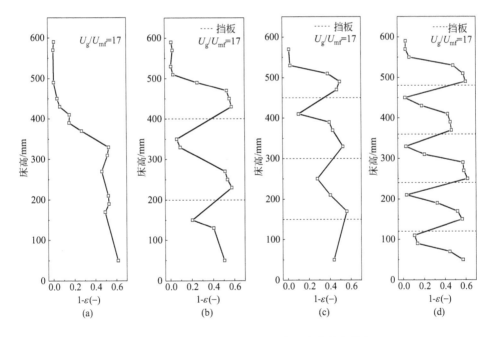

图 5.18 不同内构件数目流化床固含率轴向分布

而对于有内构件流化床，每层流化床内床层轴向固含率变化趋势与无内构件流化床内相似，也存在着明显的稀密两相结构，但稀相高度都大幅降低，并且内构件数目越多，稀相高度越低。为了定量比较有、无内构件流化床稀相区高度，根据图 5.18 数据定量计算了各种条件下稀相区高度，如图 5.19 所示。设置内构件虽然使每一层床层稀相区高度大幅降低，但稀相区总高度在 257~274mm 间，与无内构件的 235mm 相当，可见流化床中增置内构件后，对流化床中"稀相区"总高度影响并不是特别的显著。内构件相当于将原来一个高的"稀相区"分解为数个"稀相区"。对无内构件流化床，粗、细颗粒只需通过一个稀相区，而对于内构件流化床，粗、细颗粒则要通过多个稀相区，由于粗、细颗粒通过每一个稀相区的概率不同，细颗粒通过的概率高于粗颗粒，每通过一个稀相区，粗、细颗粒 MRT 的差别就增大一点。由此可见，挡板数目越多，不同粒级颗粒 MRT 差别也会越明显。

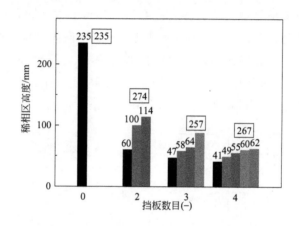

图 5.19　内构件数目对流化床稀相高度影响

5.4.3　内构件位置的影响

研究显示，"稀相区"对粗、细颗粒 MRT 调控发挥了主导作用，上节的实验中，内构件间距相同，几个"稀相区"高度也大致相同，若内构件间距不同，对粗、细颗粒 MRT 差别是否有影响尚不清楚，为此设计了不同内构件间距影响实验。首先研究了单个内构件（多孔挡板，开孔率=16.7%，孔径=10mm）设置在流化床中 200mm、300mm、400mm 位置处时粗、细颗粒的 MRT，图 5.20 是实验结果，虽然各粒级 MRT 有些差别，设置在 300mm 内构件的粗、细颗粒的 MRT 最小，设置在 400mm 内构件的 MRT 最大，与位置设置没有表现出明显的规律，同时各粒级 MRT 虽有些差别，比如粗颗粒在 200mm、300mm、400mm 时的 MRT 分别为 1.20h、1.22h 和 1.30h，最大差别仅为 8.3%，考虑到实验存在一定误差，仅根据这些数据还难以得出内构件位置对各颗粒 MRT 有显著影响的结论。

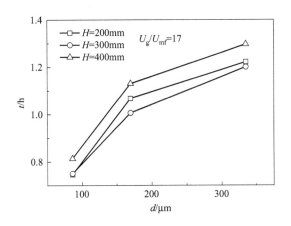

图 5.20　不同挡板位置情况下流化床颗粒停留时间差别

　　为了进一步探明内构件设置位置或者内构件间隔对粗、细颗粒 MRT 是否有显著影响，将四块内构件每个间隔 50mm 组成一个组合内构件，再将组合内构件设置于距流化床底 225mm、300mm 和 400mm，在 17 倍最小流化速度下，分别测定各粒级颗粒间 MRT 数据，结果如图 5.21，可见内构件设置位置对粗、细颗粒 MRT 影响显著，随着组合内构件由床层底部移往上部，宽筛分颗粒中不同粒级颗粒 MRT 变化趋势各有不同，细颗粒的 MRT 逐步减小，由 0.60h 降至 0.35h，而粗颗粒的 MRT 则逐渐增加，从 1.31h 升至 1.80h，中颗粒的 MRT 几乎不发生变化，说明随着内构件由床层底部移往上部，粗、细颗粒 MRT 差别逐步变大。图 5.21(b)显示了无量纲粒径与无量纲平均停留时间的关系，可以更清楚地显示粗、细颗粒 MRT 比值随组合内构件位置变化的影响，组合内构件在 400mm 处时，粗、细颗粒 MRT 比值为 5.24，而组合内构件在 225mm 处时，粗、细颗粒 MRT 比值为 2.19，可见位置影响十分显著。究其原因，操作条件不变时，床层的藏料量几乎不变，组合内构件位于流化床底部时，在组合内构件上部有较高的浓相段，由于粗颗粒弹射出流化床高度限制，浓相段粗颗粒浓度较高，到稳态时粗颗粒排出流化床概率较高，导致粗、细颗粒 MRT 差别不大。而当组合内构件设置于床层上部时，物料在床层下部与组合内构件间存在浓相段，尽管浓相段中粗颗粒浓度也高于进料浓度，但粗、细颗粒要排出流化床，还需通过组合内构件中多次粗、细颗粒分离，达到组合内构件上层细颗粒较多。由于组合内构件较接近流化床出口，到达组合内构件表面的细颗粒很容易排出流化床，从而增加了粗、细颗粒停留时间的差别。

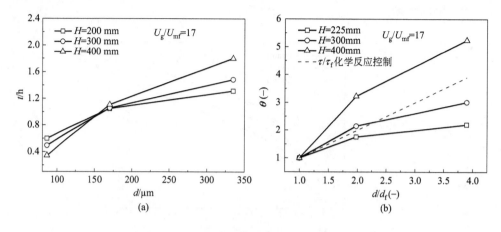

(a)   (b)

图 5.21   不同挡板位置情况下流化床颗粒停留时间

为了对比本节组合挡板与前节均匀分布的四挡板对粗、细颗粒 MRT 的调控，将组合内构件设置于 400mm 处的结果与四个内构件结果放置于一张图，如图 5.22，可见组合内构件粗、细颗粒 MRT 比值＝5.24 显著高于内构件均匀设置的 MRT 比值＝4.36，进一步显示内构件位置对粗、细颗粒 MRT 具有显著的影响。以往研究中认为内构件位置对颗粒夹带和扬析过程有所影响，内构件位于床层密相区上方可降低颗粒扬析率和夹带率，增加粗、细颗粒的分离程度（Colakyan et al.，1981）。而当组合内构件设置于靠近流化床出口时，相当于在稀相区增置挡板，其可有效地增加粗、细颗粒分离程度，使细颗粒更易排出床外，从而增加粗、细颗粒 MRT 差别。

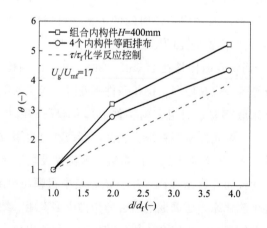

图 5.22   挡板位置对流化床颗粒停留时间影响

5.4.4　内构件结构参数的影响

多孔挡板内构件的结构参数主要包括开孔率和开孔孔径，为此进一步研究了多孔挡板这两个主要参数对粗、细颗粒 MRT 调控的影响。

开孔率是多孔挡板的一个重要参数。根据以往经验，多孔板的开孔率一般在 10%～40% 间，太低阻力太大，太高的话则不太起作用。为此在固定孔径 10mm 下，分别考察挡板开孔率为 10.0%、16.7%、25.0% 和 35.0% 的影响，为了更好地与前述结果对比，采用四块结构参数相同的多孔挡板以等间距设置。图 5.23(a) 为开孔率对粗、细颗粒 MRT 的影响，开孔率对不同粒级颗粒的影响程度不同，对中颗粒与细颗粒，其 MRT 随内构件开孔率的增加而增加，而粗颗粒的 MRT 则随开孔率的增加而减小。为了更清楚地显示开孔率对粗、细颗粒 MRT 差别的调控作用，将图 5.23(a) 的数据以无量纲粒径对无量纲平均停留时间作图，如图 5.23(b) 所示，可见随着开孔率增加，各粒级颗粒 MRT 比值逐渐减小，尤以粗、细颗粒间差别变化最为明显，例如，当挡板开孔率从 10.0% 增加至 35.0% 时，粗、细颗粒 MRT 比值从 6.45 急剧降至 2.00，中颗粒与细颗粒 MRT 比值也由 3.14 降至 1.66。同时，开孔率为 35.0% 的内构件流化床中粗、细颗粒 MRT 比值已接近无内构件的比值，说明在这种开孔率下，内构件已基本失去其对粗、细颗粒 MRT 的调控能力。上述开孔率调控结果比较容易理解，当开孔率过大时，内构件对颗粒基本不起什么阻挡作用，颗粒在内构件间几乎可以自由流动，内构件对颗粒 MRT 的调控也就不起什么作用了。另一方面，如果开孔率低于 10%，内构件的调控能力将更强，但对颗粒的阻碍作用过强会增加阻力。因此，为了实现粗、细颗粒 MRT 的调控，多孔挡板的开孔率宜控制在 10%～25% 之间。

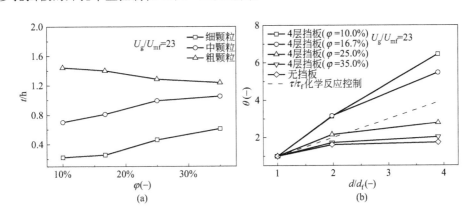

图 5.23　挡板开孔率对宽筛分颗粒 MRT 差别的影响

　　孔径是多孔挡板的另一个重要参数，为了研究多孔挡板孔径对宽筛分颗粒 MRT 调控的影响，采用四块开孔率 $\varphi=16.7\%$ 的多孔挡板在流化床内等距离分布，分别考察不同孔径为 5mm、10mm、20mm 和 32mm 对粗、细颗粒 MRT 的影响。

　　图 5.24 是孔径对宽筛分颗粒 MRT 的影响，开孔尺寸变化对不同粒级颗粒 MRT 调控有所不同，中颗粒和细颗粒的 MRT 随孔径尺寸增加而增加，而粗颗粒 MRT 则随孔径尺寸增加而减小，如孔径由 5mm 增至 32mm 时，粗颗粒的 MRT 由 1.71h 降至 1.00h，细颗粒的 MRT 则由 0.25h 增至 0.52h。图 5.24(b) 显示无量纲粒径对无量纲停留时间的影响，可以更明显地看出，粗、细颗粒 MRT 比值随孔径的增加而减小，孔径对粗、细颗粒 MRT 的调控作用十分明显。通过对多孔挡板开孔率和孔径的调节，可以在较大范围内对粗、细颗粒 MRT 进行调控，如图 5.24(b) 所示，开孔率＝16.7%、孔径＝20mm 时，不同粒级间的 MRT 比值与化学反应控制下不同粒级理论完全转化时间比值基本重合，说明对于粒径相差 4 倍的粗、细颗粒，在这种条件下基本可实现粗、细颗粒的同步转化。另一方面，当孔径增至 32mm 时，多孔挡板对粗、细颗粒 MRT 的调控作用比较弱，几乎与无挡板时相当。

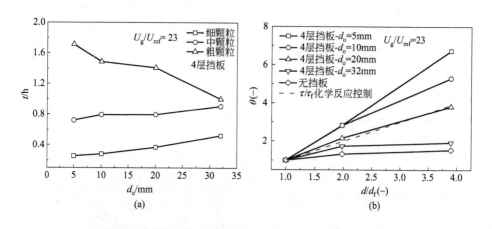

图 5.24　挡板开孔孔径对宽筛分粉体粗、细颗粒 MRT 的影响

　　以往研究中多孔挡板多用于限制流化床内气相及固相的返混，以改善气固相停留时间分布，对于多孔板孔径选取并没有详细的准则，一般认为多孔板孔径应相当于颗粒粒径的 30 倍左右（郭慕孙 等，2007），而多孔挡板用于调控粗、细颗粒 MRT 的研究则未见报道。本节的研究显示，对于粗、细颗粒 MRT 调控，选择小孔径较为有利，孔径在最大粒径 15 倍（5/0.335≈15）左右时，

既可不影响流化床操作，又可获得很好的调控作用；开孔孔径在最大颗粒粒径
30～60 倍时，也可获得较好的调控效果，而当开孔孔径超过最大颗粒粒径约
100 倍（32/0.335≈96）时，多孔挡板对粗、细颗粒 MRT 调控作用已不明显。
究其原因，可能由于挡板孔径尺寸变化对粗、细颗粒通过挡板能力差异有所影
响，因为对同一孔径，细颗粒通过的能力高于粗颗粒，尤其在孔径较小时差异
较为明显。

5.4.5　内构件类型的影响

多孔挡板虽然能在很宽的范围内对粗、细颗粒 MRT 进行调控，但由于结构
原因，在多孔板上方非开孔处可能会存在一定的死区，尤其是开孔率较低的情况
下死区更大，从而不利于固相转化过程。导向挡板和栅格挡板可有效避免死区的
形成，但这类挡板是否具有粗、细颗粒 MRT 调控能力尚不得而知。为此分别考
察其对宽筛分粉体粗、细颗粒停留时间的影响。为了研究这两种挡板对颗粒
MRT 的调控情况，将前述研究中的多孔挡板换为导向挡板和格栅挡板进行实验，
具体挡板设置见图 5.25。

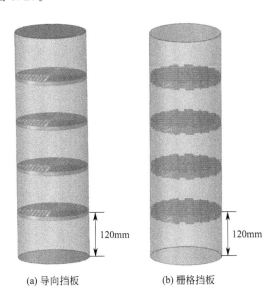

(a) 导向挡板　　　　　　(b) 栅格挡板

图 5.25　导向挡板和栅格挡板流化床内排布示意图

图 5.26 为 23 倍最小流化速度下导向挡板和栅格挡板对不同粒级颗粒 MRT
的影响，可见在流化床中增置导向挡板或栅格后，粗颗粒 MRT 有所增加，但对

细颗粒 MRT 影响有所不同。栅格挡板对细颗粒 MRT 几乎没有影响，而导向挡板使细颗粒 MRT 略有降低。图 5.26(b) 为挡板类型对宽筛分颗粒 MRT 比值的影响，可见栅格内构件和导向挡板均可增加粗、细颗粒 MRT 差别，但增加程度有所不同，导向挡板调控能力更强，如栅格挡板仅使粗、细颗粒 MRT 比值由 1.73 增至 2.12，而导向挡板则使粗、细颗粒 MRT 比值从 1.73 增至 3.23。总的来说，两种挡板对粗、细颗粒 MRT 的调控能力要弱于多孔挡板，在相似的条件下，4 个多孔挡板可使粗、细颗粒 MRT 比值达到 5.46，见图 5.17(b)。

以往的研究中，导向挡板或栅格挡板多用于破碎流化床内气泡，避免气泡过度长大，因气体通过导向挡板或栅格后，分别沿着不同导板方向偏流，其在挡板上方形成的小气泡由于流动方向不同，形成大气泡概率较小，从而降低了床层内的气泡直径，有利于气固传质（Zhang et al.，2014）。虽然仅从这些调控数值来看，似乎导向挡板和格栅挡板的调控不如多孔挡板，但实际上也并不是这两种挡板不能调控粗、细颗粒停留时间，而是目前这种设计下这两种挡板"开孔率"过大（虽然栅格挡板和导向挡板并没有严格意义上的开孔率，但可以类比地将气体通过的投影面积占流化床截面积的比例定义为开孔率），对粗、细颗粒通过挡板阻碍作用较小，导致栅格或导向挡板下方并无明显的"稀相区"，从而不能使各粒级颗粒在挡板下方有效分离，也就无法大幅调控不同粒级颗粒的 MRT。但这两种挡板的"开孔率"也并非完全不可调，比如可以通过加密格栅来降低开孔率，可以预见随着开孔率的降低，其对粗、细颗粒 MRT 的调控能力将得到增强。

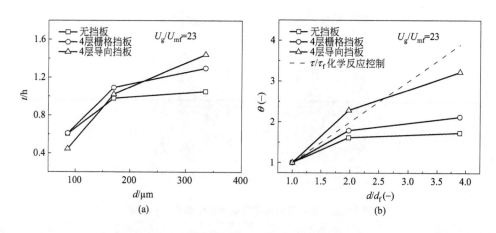

图 5.26　挡板类型对宽筛分颗粒 MRT 差别的影响

5.5 操作条件对内构件流化床中粗、细颗粒平均停留时间及压降的影响

郝志刚等（2006）采用图 5.1 右图所示装置，在一内径为 100mm 设有数块水平多孔挡板底部连续加料与上部溢流排料的流化床内，采用 40～1000μm 的钛精矿颗粒，进行了加料速率、流化气速以及内构件间距等不同因素对粗、细颗粒物料在床内停留时间及压降影响的实验研究，具体结果如下。

5.5.1 流化气速对颗粒停留时间的影响

图 5.27 为进料、出料以及床内持有物料中不同粒径颗粒质量分数的对比，由图中可以发现，不同粒径颗粒的进出料的质量分数较为一致，同一粒径下进出物料质量分数相对误差不超过 4%，且物料粒径分布较广，小颗粒的存在起到一定的"破泡"作用，有利于改善流化床的流化质量（Sun et al.，1992）。然而，床内持有物料的组成却与进出料组成相差较大，大颗粒所占的质量分数增多。

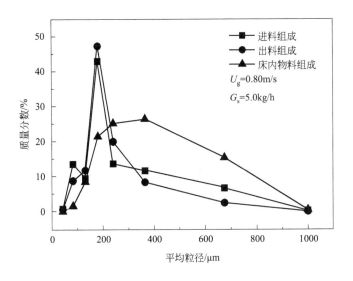

图 5.27　进料、出料和床内持有物料中不同粒径颗粒质量分数的对比

图 5.28 和图 5.29 分别表示不同加料速率 G_s 时改变流化气速 U_g 对颗粒平均停留时间及床内物料持有量的影响。随着流化气速增大，颗粒平均停留时间及床

内物料持有量均呈下降趋势，原因是在含有水平挡板的流化床内，增加流化气速会促使床层膨胀，导致床层空隙率提高，物料持有量降低，颗粒在床内的停留时间减少。在图 5.28 中，不同加料速率下的两条曲线几乎平行，说明流化气速对停留时间的影响有定量关系，这对工业应用有很重要的参考价值；理论上讲，在流化床上部物料溢流口高度一定的条件下，床中的物料持有量仅与流化气速有关，然而受溢流口排料能力的限制，当加料速率增加时，床中溢流口以上料面会有微量提高，形成床中物料持有量的微量增加。这一趋势随着气速的提高，床层密度的降低而趋于消失，如图 5.29 所示。

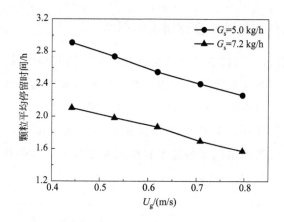

图 5.28　不同加料速率下流化气速对颗粒停留时间的影响

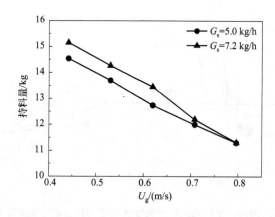

图 5.29　不同加料速率下流化气速对床内物料持有量的影响

5.5.2　流化气速对不同粒径颗粒平均停留时间的影响

由于钛精矿颗粒粒径范围较宽，不同粒径颗粒的停留时间会受到流化气速及加料速率等条件影响，所以对不同粒径颗粒停留时间的测定显得尤为重要。图5.30 表示不同流化气速下颗粒直径与其停留时间的关系。可以看出对于直径小于 $200\mu m$ 的颗粒，所有气速下颗粒的停留时间均小于 2.5h；而对于直径大于 $200\mu m$ 的颗粒，停留时间随颗粒平均粒径的增大而增加，对于平均粒径为 $1000\mu m$ 的颗粒由于质量分数很低（＜1%），引入误差使得计算颗粒停留时间偏差较大，可见这种气固顺流向上条件下的不同粒径颗粒停留时间与对应所需反应时间的趋向一致。图 5.31 对不同流化气速下床内持有物料之不同颗粒直径质量

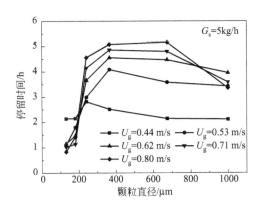

图 5.30　不同流化气速下颗粒直径与平均停留时间的关系

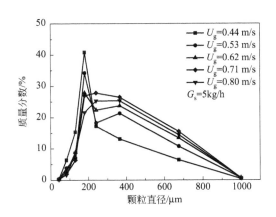

图 5.31　不同流化气速下床内持有物料之不同颗粒直径质量分数的对比

分数进行了对比，可以发现随着流化气速的增大，床内持有物料中大颗粒所占的质量分数逐步增加，这与上述图 5.30 的分析相一致，流化气速增大，加快了颗粒的湍流程度，细小颗粒的平衡组分降低而停留时间变短；大颗粒的平衡组分增大，停留时间延长。

5.5.3 挡板间距对颗粒平均停留时间的影响

为了考虑挡板间距对平均停留时间的影响，本研究对挡板间距为 100mm、200mm 以及无挡板条件下的流化特性进行了测定，由图 5.32 两种挡板间距条件下的停留时间对比可以发现，挡板间距增大，颗粒在床内的停留时间稍有增长。这是由于挡板间距减少有利于床层膨胀，使床层的物料持有量有所降低，致使颗粒在床内的停留时间有所减少。实验过程中观察到，当床层内没有挡板时，流化床发生节涌，床内颗粒不能正常流化；当挡板间距为 200mm 时，每两层挡板间产生轻微的节涌，但整个床内颗粒仍可流化，当挡板间距为 100mm 时，整个床内颗粒可稳定流化。为对比不同挡板间距条件下床内持有物料的质量分数，以 $U_g=0.80\text{m/s}$、$G_s=5.0\text{kg/h}$ 为例进行说明，由图 5.33 中数据对比可以发现，与挡板间距 $d=100\text{mm}$ 相比，挡板间距增大后床内持有物料中粒径较小颗粒的质量分数增加，且对于其他气速条件下的数据有相同的趋势。造成这种现象的原因与上述分析一致，挡板间距增大后节涌增强，各挡板之间的颗粒返混增强、分级削弱，导致大小颗粒的停留时间较为一致，对大颗粒的反应尤为不利。

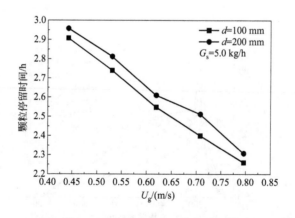

图 5.32 不同挡板间距条件下停留时间的对比

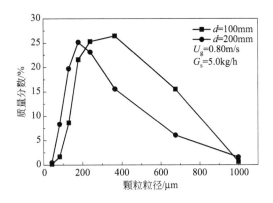

图 5.33　不同挡板间距条件下床内持有物料质量分率的对比

5.5.4　挡板间距对床层压降的影响

图 5.34 和图 5.35 分别表示在不同的挡板间距条件下加料速率和流化气速对床层压降的影响，由图 5.34 发现，床层压降在不同加料速率下保持不变，但床层压降随挡板间距增大而增加。这是由于挡板间距增大后床层的持料量增加，导致床层压降增大；当达到平衡条件后，进料量的改变会直接改变出料量，而不会引起床层压降的改变。由图 5.35 发现床层压降随流化气速增加而降低，且挡板间距为 200mm 的压降始终高于挡板间距为 100mm 的压降，这是由于平衡后宽挡板间距条件下床内物料持有量增多造成的。上述结果与姚建中等（1990）对微球硅胶在多层浅床中的研究结果相一致。

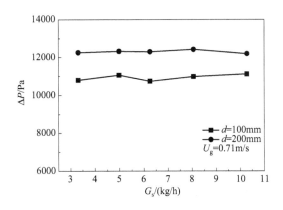

图 5.34　加料速率对床层压降的影响

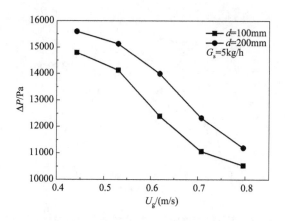

图 5.35 流化气速对床层压降的影响

为了对比挡板间距对颗粒物料流化性能的影响，本实验采用床层压降曲线分析法（李洪钟，郭慕孙，2002）来判定流化质量，在加料速率和流化气速不变的条件下对挡板间距为 100mm 和 200mm 的压降进行了测定，测定条件为反应器的进出物料达到平衡后。由图 5.36 可以看出，挡板间距为 100mm 时，床层压降波动较小，而在挡板间距为 200mm 时压降波动明显增大。

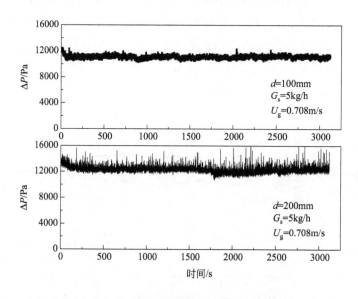

图 5.36 达到平衡操作后压降随时间的变化

在挡板间距为 100mm 时，平均压降为 10985Pa，计算得标准差 σ 为 1.6Pa；

挡板间距为 200mm 时，平均压降为 12332Pa，计算得标准差 σ 为 3.4Pa。由此可以看出，挡板间距增大后床层压降标准差明显增大，床层压降波动较大，影响流化床内的颗粒流化效果。同时，在实验的过程中，还对无挡板条件的床内流化情况进行了观察，发现此条件下颗粒易发生节涌，床层高度起伏不定，物料难以流化。可见挡板间距为 100mm 时，即挡板间距等于此时的床径时可形成良好的流化状态（王尊孝 等，1987）。因为多层流化床内的挡板不仅可消除节涌，而且可与颗粒聚团碰撞而使其破碎，因此明显地改善了颗粒的流态化质量。

5.5.5　进出料口位置对颗粒停留时间的影响

综合上述影响规律不难发现，为了适应大颗粒长停留时间和小颗粒短停留时间的要求，应当选择颗粒物料从多层横向内构件流化床底层进料、上层出料的模式。此模式下，当进入和排出物料组成达到一致时，床内物料达到动态平衡状态，床顶部物料组成等于原料组成，从顶到底粗颗粒质量分数逐渐增大，细颗粒质量分数逐渐减小，结果床内粗颗粒质量分数远大于原料中的质量分数，而细颗粒质量分数远小于原料中的质量分数，粗颗粒得到较长的停留时间而同时细颗粒得到较短的停留时间，有利于满足粗、细颗粒各自停留时间的需求。如果颗粒物料从上部加入底部排出的模式，则适得其反，不可采用。

5.6　本章小结

本章系统研究了内构件对粗、细颗粒平均停留时间调控规律，得出以下结论：

（1）宽筛分颗粒粒径分布和进料速率对各粒级颗粒 MRT 差别影响不显著，气速对宽筛分颗粒中各粒级颗粒 MRT 具有一定的调节能力，粗、细颗粒 MRT 比值随气速增加而增加，但仅通过气速尚难使粗、细颗粒 MRT 比值满足各自同步转化的需求。在所研究的气速范围内，粗、细颗粒在流化床轴向并未发生明显的分级，粗、细颗粒 MRT 比值增加不是粗、细颗粒在流化床中分级引起的。进一步研究表明，粗、细颗粒 MRT 比值随气速增加主要因粗、细颗粒不同的排出方式造成的，低气速下，粗、细颗粒几乎都以溢流方式排出流化床；而高气速下，颗粒则以弹射方式排出流化床，在浓相料面与流化床出口间存在明显的"稀相区"，各粒级颗粒通过稀相区的概率不同，细颗粒更容易通过稀相区，因而细颗粒更多被排出流化床，粗颗粒则更多地返回流化床层中，从而使粗、细颗粒停留时间差别增加。

（2）增设水平内构件对宽筛分颗粒各粒级在流化床中的平均停留时间有较大影响。流化床中增设水平内构件后，在每一水平内构件下方会形成"稀相区"，和无内构件情况相似，粗、细颗粒每通过一个"稀相区"，粗、细颗粒 MRT 差别就增加一次，因此，粗、细颗粒 MRT 比值随水平内构件数目增加而增加。多孔挡板孔径和开孔率对粗、细颗粒 MRT 也具有显著的调控作用，减小挡板开孔率、降低开孔孔径，均可使粗、细颗粒 MRT 差别增加，为了实现宽筛分颗粒MRT 的有效调控，多孔挡板的开孔率不高于 25％，开孔孔径不超过最大颗粒粒径 60 倍。

（3）导向挡板和栅格挡板也对流化床中粗、细颗粒 MRT 具有一定的调节作用，本研究采用的导向挡板和栅格挡板的调控作用弱于多孔挡板，主要因为所使用的两种挡板"开孔率"过大，适当降低"开孔率"可增加其对粗、细颗粒MRT 的调控能力。

（4）对于横向内构件流化床，床层持料量主要取决于流化气速，平均停留时间随流化气速和进料速率增加而降低。平衡时床内颗粒平均粒径大于进料颗粒的平均粒径，使得床内小颗粒停留时间减少，大颗粒停留时间延长。为了适应大颗粒长停留时间和小颗粒短停留时间的要求，应当选择颗粒物料从多层横向内构件流化床底部进料、上部出料的模式。

参 考 文 献

郭慕孙，李洪钟，2007. 流态化手册. 北京：化学工业出版社：1041-1042.

郝志刚，朱庆山，李洪钟，2006. 内构件流化床内颗粒停留时间分布及压降的研究. 过程工程学报，6（A2）：359-363.

李洪钟，郭慕孙，2002. 气固流态化的散式化. 北京：化学工业出版社：86.

王尊孝，等，1987. 化学工程手册，第20篇，流态化. 北京：化学工业出版社：160.

姚建中，赵文龙，等，1990. 微球硅胶在顺流多层浅床中的流动及干燥. 第五届全国流态化会议文集. 北京：118.

张立博，2018. 流化床中宽筛分颗粒停留时间调控研究 [D]. 中国科学院大学.

周为民，赵建德，韩宝成，等，1984. 立构件多层流化床的研究. 石油化工，13：769-774.

Briens C L, Bergougnou M A, Baron T, 1988. Prediction of entrainment from gas-solid fluidized beds. Powder Technology, 54 (3)：183-196.

Chapadgaonkar S S, Setty Y P, 1999. Residence time distribution of solids in a fluidised bed. Indian Journal of Chemical Technology, 6：100-106.

Colakyan M, Catipovic N, Jovanovic G G, 1981. Elutriation from a large particle fluidized bed with and without immersed heat transfer tubes. Chem. Eng. Progress Symposium Series: 66-75.

Fish W M, Newsome J W, Turner O C, 1957. Production of aluminum fluoride: CA537403. 1957-02-26.

Gauthier D, Zerguerras S, Flamant G, 1999. Influence of the particle size distribution of powders on the velocities of minimum and complete fluidization, Chemical Engineering Journal, 74 (3): 181-196.

Ghaly A E, MacDonald K N, 2012. Mixing patterns and residence time determination in a bubbling fluidized bed system. American Journal of Engineering and Applied Sciences, 5 (2): 170-183.

Guenther C, Syamlal M, 2001. The effect of numerical diffusion on simulation of isolated bubbles in a gas – solid fluidized bed. Powder Technology, 116 (2): 142-154.

Krisrnaiah K, Pydisetty Y, Varma Y B G, 1982. Residence time distribution of solids in multistage fluidization. Chemical Engineering Science, 37: 1371-1377.

Kuo H P, Cheng C Y, 2006. Investigation of the bed types and particle residence time in a staged fluidised bed. Powder Technology, 169: 1-9.

Milioli F E, Foster P J, 1995. A model for particle size distribution and elutriation in fluidized beds. Powder Technology, 83 (3): 265-280.

Sun G L, Grace J R, 1990. The effect of particle size distribution on the performance of a catalytic fluidized bed reactor. Chemical Engineering Science, 45 (8): 2187-2194.

Sun G L, Grace J R, 1992. Effect of particle-size distribution in different fluidization regimes. AIChE Journal, 38: 716-722.

Zhang Y, Lu C, 2014. Experimental study and modeling on effects of a new multilayer baffle in a turbulent fluid catalytic cracking regenerator. Industrial & Engineering Chemistry Research, 53 (5): 2062-2066.

Zhang Y, Wang H, Chen L, et al., 2012. Systematic investigation of particle segregation in binary fluidized beds with and without multilayer horizontal baffles. Industrial & Engineering Chemistry Research, 51 (13): 5022-5036.

第 6 章

**多挡板流化床中各粒级
颗粒平均停留时间预测模型**

6.1 引言

前几章的研究表明，水平多孔内构件对宽筛分粉体粗、细颗粒 MRT 具有较强的调节能力，通过孔径和开孔率组合设计，对粒径相差 4 倍的宽筛分粉体，已可使粗、细颗粒 MRT 比值与化学反应控制下理论转化时间比值相匹配。然而，水平多孔挡板调控涉及挡板数目、孔径、开孔率等参数，这几个参数组合会产生很多的变化，仅靠实验难以穷尽所有组合，也难以获得调控的全貌，因此，非常有必要建立能预测多孔挡板流化床中粗、细颗粒 MRT 变化的数学模型。

现有研究中预测颗粒停留时间可以由颗粒 RTD 模型（如轴向扩散模型、多釜串联模型等）或颗粒 MRT 关联式确定，但这些模型都是基于颗粒平均粒径推导或关联，只能得到颗粒整体的平均停留时间（Cai et al.，2014；Pillay et al.，1983），无法预测宽筛分粉体中各粒级颗粒的平均停留时间，需要发展新的建模思路和新模型。由第 5 章的研究可知，水平内构件将床层分为多段上稀下浓的流化床，由于内构件（如多孔板）可以有效抑制颗粒物料的返混，颗粒流由全混流向活塞流转变。由于粗、细颗粒通过挡板的能力不同，在挡板的作用下混合和返混受到抑制，小颗粒趋向于在床顶部集中，而大颗粒趋向于在床底集中。在采用下进料上出料的运行模式下（被加工的物料从床底部进入，向上通过床层进行反应，最后从床顶部排出），当排出粉体的组分与加入粉体的组分完全相同时，则表明床中的物料组成不再变化，处于稳定状态，此时床层出口粉体的组分与进口原料组分相同，向下各层细颗粒组分逐渐减少，粗颗粒组分逐渐加大，整个床层中细颗粒含量远小于原料中细颗粒含量，有利于减少细颗粒平均停留时间，而粗颗粒含量远大于原料中粗颗粒含量，有利于增加粗颗粒平均停留时间。这种粗、细颗粒在多层水平内构件流化床中向上流动和分离过程，与精馏过程十分相似，细颗粒相当于精馏中的高挥发分组分，而粗颗粒则相当于精馏的低挥发分组分，因此，可以借鉴精馏过程的建模思路来建立多级水平多孔挡板流化床粗、细颗粒 MRT 预测模型。

本章正是在此建模思路下，建立了多级水平多孔挡板流化床粗、细颗粒 MRT 预测模型，并验证了模型的准确性和有效性（张立博，2018），在此基础上，对多孔挡板各参数对粗、细颗粒 MRT 调控规律进行了系统的预测。

6.2 各粒级颗粒 MRT 数学模型

6.2.1 模型框架

多级水平多孔挡板流化床操作示意图如图 6.1 所示，宽筛分颗粒以 G_p 速率从底部进入流化床，经各层多孔水平内构件上行，至上部出口排出，稳态操作下进出口物料流率和组成相同，流化气体以 U_f 由底部经分布板后，与物料在多层内构件流化床中接触后，从顶部排出流化床。

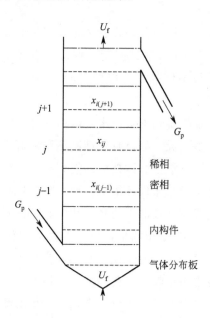

图 6.1 多层水平内构件气固流化床操作示意图

假设流化床共有 $N-1$ 级水平多孔挡板，宽粒径粉体中分为 m 个粒级颗粒，各粒级颗粒在床中的平均停留时间取决于该粒径组分在床中的储量和该粒径组分的进料速率，即：

$$T_{pi} = \frac{M_{pi}}{G_p x_i} \tag{6.1}$$

式中，T_{pi} 为 i 粒径颗粒在床中的平均停留时间，s；M_{pi} 为 i 粒径颗粒在床中的储量，kg；G_p 为颗粒物料的进料速率，kg/s；x_i 为 i 粒径颗粒在原料中的质量分数。

G_p、x_i 均为已知数，模型化过程主要是求取 i 粒径颗粒在床中的储量 M_{pi}，由于各层中 i 组分的质量分数 x_{ij} 不同，所以必须先求出各层中 i 组分的质量 M_{ij}，然后将各层的 i 组分质量加和可得到 M_{pi}，即：

$$M_{pi} = \sum_{j=1}^{n} M_{ij} \tag{6.2}$$

式中，$j = 1, 2, 3, 4, \cdots, N$。$N$ 为流化床出口以下的水平内构件数（含气体分布板）。

$$M_{ij} = M_j x_{ij} \tag{6.3}$$

式中，M_j 为 j 层所有颗粒物料的质量，kg；x_{ij} 为 j 层颗粒中 i 组分颗粒的质量分数。

至此求解多级水平多孔挡板流化床中各粒级颗粒 MRT 就转化为求解 M_j 和 x_{ij} 两类参数了，下面将分别论述如何求取这两类参数。

6.2.2 预测床层各粒级颗粒质量分数的数学模型

流化床中颗粒流动达到平衡状态后，出口组成与进料组成（$x_{i,F}$）相同，借鉴精馏理论中挥发度和相对挥发度的概念，提出粗、细颗粒的"扬析度"（β_i）和"相对扬析度"（α_i）两个参数，以表达各粒级颗粒在内构件流化床中向上运动的能力，并假设运行过程中粗、细颗粒具有稳定的 α_i 和 β_i，则可以根据粗、细颗粒的扬析度和出料口 i 组分颗粒的组成 $x_{i,F}$，逐级计算得到各级的 x_{ij}。

j 床层中 i 组分颗粒扬析度 β_{ij} 的定义为：

$$\beta_{ij} = \frac{x_{i(j+1)}}{x_{ij}} \tag{6.4}$$

式中，$x_{i(j+1)}$ 和 x_{ij} 分别表示相邻上下两层床中 i 组分的质量分数。

粒径 i 以外的其余颗粒扬析度 β_{-ij} 的定义为：

$$\beta_{-ij} = \frac{1 - x_{i(j+1)}}{1 - x_{ij}} \tag{6.5}$$

粒径 i 的颗粒相对于其余组分的相对扬析度 α_{ij} 定义为：

$$\alpha_{ij} = \frac{\beta_{ij}}{\beta_{-ij}} \tag{6.6}$$

将式（6.4）和式（6.5）代入式（6.6）中可得：

$$\alpha_{ij} = \frac{x_{i(j+1)}}{x_{ij}} \frac{(1 - x_{ij})}{(1 - x_{i(j+1)})} \tag{6.7}$$

改写式(6.7) 可得：

$$x_{i(j+1)} = \frac{\alpha_{ij} x_{ij}}{1 + (\alpha_{ij} - 1) x_{ij}} \qquad (6.8)$$

或

$$x_{ij} = \frac{x_{i(j+1)}}{\alpha_{ij} + (1 - \alpha_{ij}) x_{i(j+1)}} \qquad (6.9)$$

式(6.9) 为粒径 i 的组分下层 j 的质量分数与上层 $j+1$ 的质量分数之间的关系式。已知上层 $j+1$ 的 i 组分质量分数，可求得下层 j 的 i 组分的质量分数。但颗粒相对扬析度为未知量，需通过颗粒扬析度求出。若颗粒相对扬析度已知，可逐次求出 m 个粒径组分的上下层质量分数关系式，即可得知各层中各粒径组分的质量分数 x_{ij}，$i=1, 2, 3, 4, \cdots, m$；$j=1, 2, 3, 4, \cdots, N$。

由定义可知，每层上所有 x_{ij} 的和为1，但由于实验存在误差，实际计算过程中，每层上所有 x_{ij} 的和并不严格为1，则需归一化处理，即：

$$X_{ij} = \frac{x_{ij}}{\sum\limits_{i=1}^{m} x_{ij}} \qquad (6.10)$$

多挡板流化床中，每层存在密相区与稀相区，颗粒由密相区表面气泡弹射进入稀相区，颗粒在曳力和重力作用下穿过挡板小孔进入上一床层。颗粒在流化床中的扬析度即向上运动的能力与其受到的气体曳力 F_{Di} 成正比，与重力 F_{gi} 成反比，可以有如下表达：

$$\beta_{ij} = \phi_i \frac{F_{Di}}{F_{gi}} \qquad (6.11)$$

对于多孔挡板，颗粒向上运动过程中需通过挡板上小孔进入上一床层，颗粒扬析度还与颗粒通过孔径能力相关。颗粒在流化床中通过孔口的能力很难通过理论推导直接获得定量关系式，Beverloo 等 (1961) 发现颗粒通过孔口能力与颗粒粒径相关，并关联获得了式(6.12)，可见颗粒穿过孔口的能力与 $(d_o - k d_{pi})^{2.5}$ 成正比，采用无量纲处理，可认为颗粒通过孔口能力与颗粒的 $(d_o - k d_{pi})^{2.5} / d_{pi}^{2.5}$ 成正比。

$$G_{pi} = (0.55 \sim 0.65) \rho_p (1 - \varepsilon) g^{0.5} (d_o - k d_{pi})^{2.5} \qquad (6.12)$$

式中，d_o 为孔口直径，m；d_{pi} 为颗粒直径，m；ρ_p 为颗粒密度，kg/m³；k 为与孔口附近锥形收缩区中的流动颗粒与非流动颗粒之间摩擦力有关的系数，k 值一般在 1.4~2.9 之间。

对于多孔挡板，除了孔径外，孔的数目 (n_0) 也会影响颗粒的通过能力，因此，综合式(6.11) 和式(6.12)，提出多孔水平挡板流化床中颗粒扬析度的表达式如下：

$$\beta_{ij} = \kappa n_o \phi_i \frac{F_{Di}}{F_{gi}} \frac{(d_o - k d_{pi})^{2.5}}{d_{pi}^{2.5}} \quad (6.13)$$

式中，κ 为扬析度系数，与操作条件相关；ϕ_i 为颗粒返混指数，与颗粒粒径有关，反映颗粒返混作用对颗粒上升趋向的影响；n_o 为多孔板的孔数。

式(6.13) 中颗粒所受曳力可由下式计算：

$$F_{Di} = C_{Di} \frac{1}{2} \rho_g \frac{\pi}{4} d_{pi}^2 U_g^2 \quad (6.14)$$

式中，ρ_g 为气体密度，kg/m^3；U_g 为气体表观速度，m/s；需要说明的是此处忽略颗粒的上移速度，故未采用气固滑移速度；C_{Di} 为曳力系数，采用 Schiller 等（1935）的曳力系数：

$$C_{Di} = \begin{cases} \dfrac{24}{Re}(1 + 0.15 Re^{0.687}) & Re < 1000 \\[2mm] 0.44 & Re \geqslant 1000 \end{cases} \quad (6.15)$$

$$Re = \frac{d_{pi} \rho_g U_g}{\mu_g} \quad (6.16)$$

式中，μ_g 为气体黏度，$kg/(m \cdot s)$。

颗粒所受重力：

$$F_{gi} = \frac{\pi}{6} d_{pi}^3 (\rho_p - \rho_g) g \quad (6.17)$$

式中，g 为重力加速度。

将式(6.14) 和式(6.17) 带入式(6.13) 可得：

$$\beta_{ij} = \kappa n_o \phi_i \frac{3}{4} C_{Di} \frac{\rho_g}{(\rho_p - \rho_g)} \frac{(d_o - k d_{pi})^{2.5}}{d_{pi}^{3.5}} \quad (6.18)$$

i 粒级颗粒以外的其余颗粒在 j 层的平均扬析度 β_{-ij} 应为其余各组分颗粒的扬析度在 j 层的加权平均值：

$$\beta_{-ij} = \beta_{1j} \frac{x_{1j}}{(1 - x_{ij})} + \beta_{2j} \frac{x_{2j}}{(1 - x_{ij})} + \cdots + \beta_{(i-1)j} \frac{x_{(i-1)j}}{(1 - x_{ij})} +$$

$$\beta_{(i+1)j} \frac{x_{(i+1)j}}{(1 - x_{ij})} + \cdots + \beta_{mj} \frac{x_{mj}}{(1 - x_{ij})} \quad (6.19)$$

将式(6.18) 和式(6.19) 代入式(6.6)，可得 j 层的 i 组分相对扬析度：

$$\alpha_{ij} = \frac{\phi_i C_{Di} (d_o - k d_{pi})^{2.5}}{d_{pi}^{3.5}} (1 - x_{ij}) \bigg/ \bigg(\frac{\phi_1 C_{D1} (d_o - k d_{p1})^{2.5}}{d_{p1}^{3.5}} x_{1j} +$$

$$\frac{\phi_2 C_{D2} (d_o - k d_{p2})^{2.5}}{d_{p2}^{3.5}} x_{2j} + \cdots + \frac{\phi_{i-1} C_{Di-1} (d_o - k d_{pi-1})^{2.5}}{d_{pi-1}^{3.5}} x_{(i-1)j} +$$

$$\left. \frac{\phi_{i+1}C_{\mathrm{D}i+1}(d_{\mathrm{o}}-kd_{\mathrm{p}i+1})^{2.5}}{d_{\mathrm{p}i+1}^{3.5}}x_{(i+1)j}+\cdots+\frac{\phi_{m}C_{\mathrm{D}m}(d_{\mathrm{o}}-kd_{\mathrm{p}m})^{2.5}}{d_{\mathrm{p}m}^{3.5}}x_{mj}\right) \quad (6.20)$$

流化床内颗粒流动达到平衡状态后，流化床出口组成与进料组成相同，即最顶层的 x_{iN} 为已知量，假设多孔挡板对同一粒级颗粒影响相同，且一定条件下流化床内某一粒级颗粒相对扬析度为定值，可根据（6.20）计算该层的颗粒相对挥发度，并往下逐层计算各层颗粒相对挥发度，再依据式（6.9）依次计算各床层内颗粒浓度。

6.2.3 预测床层颗粒藏量数学模型

从实验观测得知，等间距多层水平挡板流化床中各层的压降基本相等，说明颗粒物料在各层均匀分布。各层中的颗粒物料储量取决于气体速度、挡板开孔率、孔径、颗粒密度和颗粒粒径，这些参数存在复杂的相互关系，尚难以直接从理论建立计算 M_j 的模型。为了解决此问题，提出采用床层压降法来预测各层物料储量 M_j 的方法，流化床层的气体总压降等于床中颗粒物料重力造成的压降和气体分布板和内构件阻力所形成的压降，后者可通过空床实验测得不同气速下空床的压降 ΔP_0，床中固体颗粒物料重力形成的压降 ΔP_s 则为：

$$\Delta P_{\mathrm{s}}=\Delta P_{\mathrm{f}}-\Delta P_{0} \quad (6.21)$$

式中，ΔP_f 为气体通过分布板和床层的总压降，$\mathrm{N/m}^2$。

由于具有较强粗、细颗粒 MRT 调控能力的多孔挡板开孔率为 $10\%\sim25\%$，因挡板阻力所产生的压降很小，可以忽略不计，同时假设各层的压降基本相等，因此，挡板流化床中各层的藏量可以用式（6.22）计算：

$$M_{j}=\frac{M}{N}=\frac{\Delta P_{\mathrm{s}}}{gN}\frac{\pi}{4}D^{2} \quad (6.22)$$

式中，D 为流化床直径，m；N 为含床层底部气体分布板在内的水平挡板数。

整个床层中粒径 i 的组分质量（M_i）可表达为：

$$M_{i}=\sum_{j=1}^{N}M_{j}X_{ij} \quad (6.23)$$

由此，根据式（6.1）计算各粒级颗粒 MRT 所需的参数都已基本确定，唯有式（6.13）中颗粒返混指数 ϕ_i 尚待确定。

颗粒返混指数 ϕ_i 反映多孔挡板流化床中颗粒返混对颗粒进入上一床层的影响，实验研究表明操作气速、内构件开孔率和孔径都对颗粒返混有影响，应在颗粒返混指数中有所体现，同样 ϕ_i 难以用理论推导获得，需要通过实验数据关联确定，为了关联获得颗粒返混指数，提出如下的返混指数关联式：

$$\phi_i = (d_{pi}/d_{avg})^c \tag{6.24}$$

$$c \propto (U_g/U_{mf})^a \varphi^b (d_o/D)^e \tag{6.25}$$

式中，d_{avg} 为初始物料颗粒平均粒径，m；U_g/U_{mf} 为气体相对速度；d_o/D 为挡板孔径相对尺寸；a、b、e 为关联指数；c 为颗粒返混指数影响因子，反映返混的影响，与挡板结构和气速有关。利用颗粒浓度分布实验数据对式（6.25）进行多重线性回归，图 6.2 显示了线性回归结果，可见 c 随挡板开孔率 φ 和挡板开孔孔径 d_o 的增加而增大，随 U_g/U_{mf} 的增加而减小。根据这些数据，回归获得了 c 的关联式如下：

$$c = 7.26\varphi^{0.099}\left(\frac{U_g}{U_{mf}}\right)^{-0.093}\left(\frac{d_o}{D}\right)^{0.054} \tag{6.26}$$

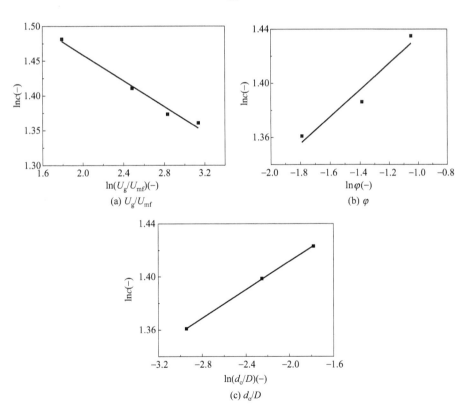

图 6.2　颗粒返混指数影响因子 c 随参数变化规律

6.3 模型及参数验证

6.3.1 返混指数预测验证

关联式(6.26)是由四个挡板流化床实测浓度关联所得，该式能否用于其他数目挡板流化床有待验证。为此分别测定了无内构件、1个内构件和2个内构件流化床颗粒浓度分布，以期与式(6.24)和式(6.26)计算结果进行对比。图6.3显示了实验测得的颗粒浓度分布（$U_g/U_{mf}=17$，多孔挡板开孔率 $\varphi=16.7\%$，孔径 $d_o=10\text{mm}$），可见，无内构件流化床中粗、细颗粒轴向浓度基本均匀，不存在明显的分级；在流化床中设置挡板后，每一床层中粗、细颗粒间浓度差异增加，其差异程度随挡板数目增加而增加，这主要是由于流化床内粗、细颗粒通过挡板能力不同，导致流化床中粗、细颗粒浓度不同。

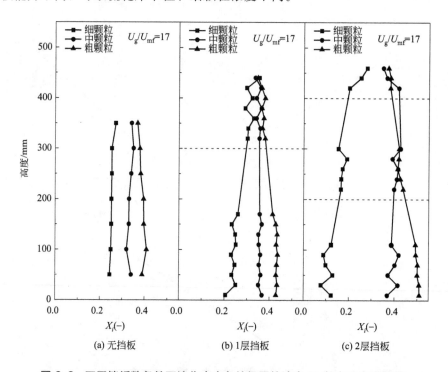

图6.3 不同挡板数条件下流化床内各粒级颗粒浓度 X_i 轴向分布实验值

图6.4显示了实验测定值与模型计算值的对比，该图以实验测定的各粒级颗粒浓度为横坐标，以模型计算值为纵坐标。图6.4(a)比较了无内构件流化床不同操作气速下的颗粒浓度；图6.4(b)则对比了1层多孔内构件流化床颗粒浓度，

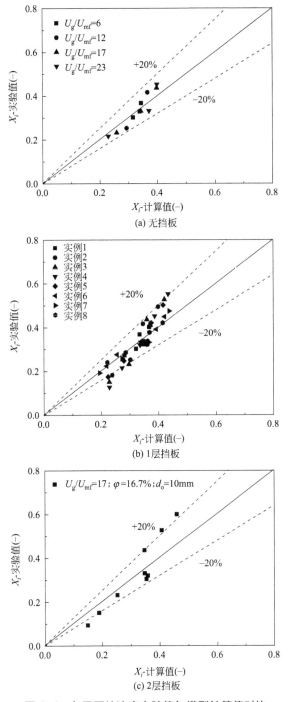

图 6.4　各层颗粒浓度实验值与模型计算值对比

其中根据操作气速、开孔率和孔径的不同，分了 8 种工况；图 6.4（c）对比了 2 层内构件流化床中颗粒浓度，可以看出，上述各种不同的工况下，流化床内各粒级颗粒浓度实验值与计算值偏差均在 20% 以内。由此可见，式（6.26）具有较广的适用范围，可以用于模拟各种工况下颗粒浓度。

实例 1：$U_g/U_{mf}=6$，$\varphi=16.7\%$，$d_o=10mm$；实例 2：$U_g/U_{mf}=12$，$\varphi=16.7\%$，$d_o=10mm$；

实例 3：$U_g/U_{mf}=17$，$\varphi=16.7\%$，$d_o=10mm$；实例 4：$U_g/U_{mf}=23$，$\varphi=16.7\%$，$d_o=10mm$；

实例 5：$U_g/U_{mf}=23$，$\varphi=25.0\%$，$d_o=10mm$；实例 6：$U_g/U_{mf}=23$，$\varphi=35.0\%$，$d_o=10mm$；

实例 7：$U_g/U_{mf}=23$，$\varphi=16.7\%$，$d_o=20mm$；实例 8：$U_g/U_{mf}=23$，$\varphi=16.7\%$，$d_o=32mm$。

6.3.2 相对扬析度预测验证

相对扬析度是本建模过程中提出的一个重要概念，由于它是一个"虚拟"的参数，很难通过实验测定予以验证，尽管如此，还是可以通过其变化趋势来判断模型预测是否合理。相对扬析度体现了颗粒在多挡板流化床中的流动行为，相对扬析度大于 1.0 意味着该颗粒较易被扬析进入上一床层，趋于在流化床上部床层积累。而若颗粒的相对扬析度小于 1.0，则表示颗粒会在流化床下部床层聚集。图 6.5 显示了粗中细颗粒相对扬析度随实验条件的变化情况，其中图 6.5（a）显示的是挡板数目对相对扬析度的影响，可以看出相对扬析度基本不受挡板数目的影响，但模型计算同时也显示，细颗粒的相对扬析度约为 1.75，中颗粒的相对扬析度约为 1.0，而粗颗粒的相对扬析度约为 0.5。图 6.5（b）显示了操作气速对颗粒相对扬析度的影响，细颗粒的相对扬析度随气速增加而增大，粗颗粒的则正好相反，随气速增加而减小，中颗粒相对扬析度几乎不受操作气速影响。图 6.5（c、d）分别显示了挡板开孔率和孔径对颗粒相对扬析度的影响，挡板开孔率和孔径对颗粒扬析度的影响趋势相似，当挡板开孔率和孔径增大时，粗颗粒相对扬析度增大、细颗粒相对扬析度减小。上述粗中细颗粒相对扬析度随实验条件变化规律，与相对扬析度定义以及实验结果较为符合，颗粒相对扬析度可作为一个无量纲数预测气速、挡板结构（开孔率、孔径）对宽筛分粉体在多挡板流化床中分布行为的影响。

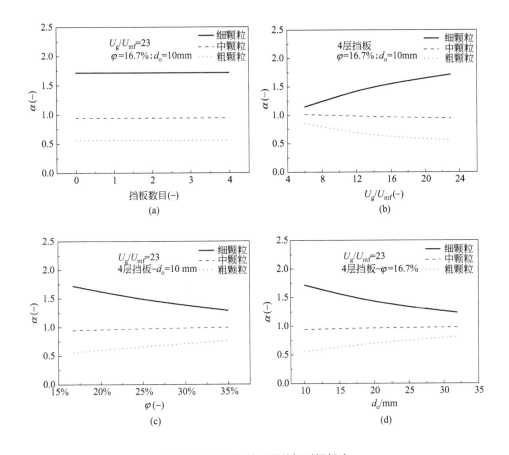

图6.5 不同条件下颗粒相对扬析度

6.3.3 床层料藏量预测验证

床层料藏量预测是计算各粒级颗粒MRT的基础,其预测准确程度直接决定模型的可用性,为此,对式(6.22)和式(6.23)计算床层料藏量准确性进行了验证。图6.6对比了床层料藏量实验测定值与理论计算值的对比,其中图6.6(a)是无内构件流化床中床层物料藏量的预测结果,可见模型计算值与实验值吻合很好,模型计算值较为准确地预测了操作气速对床层料藏量的影响。图6.6(b)则对比不同挡板数目下床层料藏量模型计算值和实验值,可见模型预测值与实验值吻合很好。这些研究结果说明,所建立的床层料藏量模型能够很好地预测各种条件下床层的料藏量。

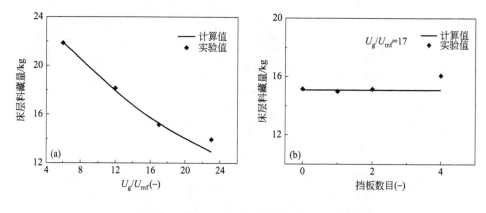

图 6.6　模型计算床内藏量值与实验值对比

6.3.4　各粒级颗粒平均停留时间预测验证

由模型计算的床层藏量和颗粒浓度分布，可根据式(6.1)计算不同粒级颗粒 MRT，图 6.7 是不同挡板数流化床中各粒级颗粒 MRT 模型计算值和实验值对比，可见，模型计算值可较好地预测粗、中、细颗粒 MRT 随流化床中多孔挡板数目的变化，细颗粒 MRT 随多孔挡板数目增加而降低，粗颗粒 MRT 则随挡板数目增加而增加，中颗粒 MRT 随挡板数目增加变化不明显。进一步分析表明，模型计算值与实验值的偏差在 20% 以内，显示所建模型可以准确地反映出挡板数目对颗粒 MRT 差别的影响。

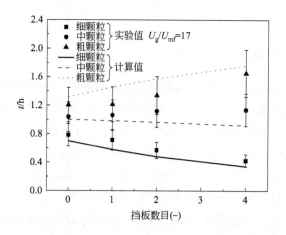

图 6.7　不同挡板数目条件下颗粒 MRT 模型计算值与实验值对比

上述对比验证虽能在一定程度上说明模型的有效性，但因参数关联采用实验体系与验证体系相同，获得较好的预测结果应可预期。另外，参数关联是以球形玻璃珠为实验物料，其对其他物料体系的适应性如何尚不清楚，因此需进一步对比不同物料体系的预测结果。然而，关于流化床颗粒停留时间研究有很多，但以往研究无论是实验研究还是理论分析多将颗粒看成一个整体，以平均粒径为基础建立停留时间分布（RTD）模型或平均停留时间（MRT）关联式（Krisrnaiah et al.，1982；Michelsen et al.，1970；Raghuraman et al.，1973；Stokes et al.，1970），因此只能预测宽筛分颗粒在流化床中的整体 MRT，本章所建模型的核心是预测宽筛分颗粒中各粒级颗粒的 MRT。由于很少有宽筛分颗粒流化床中不同粒级颗粒 MRT 的报道，为此，选择了作者 2006 年测定钛精矿的停留时间数据进行对比（郝志刚等，2006），该研究采用 15 块多孔挡板，挡板开孔率＝30％，孔径＝9mm；实验物料为钛精矿颗粒，粒径为 40～1000μm，密度＝2900kg/m^3，物料从流化床底部位于分布板上方的加料口加入，从顶部排料口溢流排出，具体数据见表 6.1。根据该研究结果，采用本章所建模型进行了计算，床层料藏量模型计算与实验结果对比如图 6.8 所示，可见，模型预测结果与实验结果总体变化趋势一致，粒径小于 400μm 颗粒 MRT 模型预测值略低于实验值，粒径大于 500μm 颗粒 MRT 模型计算值则明显高于实验室值，存在一定的偏差。考虑到建模条件与该实验条件存在着较大的差别，无论是粉体的粒径分布，还是挡板数目都存在很大差别，模型还能够较好地预测各粒级料藏量的变化趋势，说明所建模型具有较好的物料和多孔挡板数目适应性，可以用于多级挡板流化床中不同宽筛分物料粗、细颗粒 MRT 的预测。

表 6.1　郝志刚 等 (2006) 研究中实验数据 (U_g＝0.44m/s)

d_{avg}/μm	床层料组成		出料组成	
	d_{pi}/μm	质量分数/%	d_{pi}/μm	质量分数/%
	42.5	0.3	42.5	0.7
	82.5	6.4	82.5	8.9
	130	15.3	130	11.9
	180	40.9	180	47.3
170	240	17.2	240	20.1
	365	13.1	365	8.5
	675	6.4	675	2.6
	1000	0.4	1000	0.2

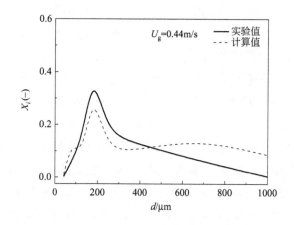

图 6.8　床层藏料颗粒组成的模型计算值与实验值对比

6.4　粗、细颗粒平均停留时间的模型预测

　　前面验证部分证实所建模型能够较好地预测水平多级多孔挡板流化床中各粒级颗粒 MRT 的变化规律。前已述及，对于一定粒径颗粒，转化过程由化学反应控制时完全反应时间正比于颗粒粒径，而转化过程由内扩散控制时，颗粒完全反应时间正比于粒径的平方，因此，要实现宽筛分粉体各粒级颗粒同步转化，流化床反应器对粗、细颗粒 MRT 比值的调控能力也应达到粒径比值至粒径比值的平方。水平多孔挡板 MRT 调控涉及众多参数，包括操作气速、挡板数目、挡板孔径和开孔率等，探明这些参数组合对粗、细颗粒 MRT 的影响规律，不仅可对水平多孔挡板流化床的操作优化具有重要意义，还可对其设计提供重要参考。

　　图 6.9 显示了操作条件及挡板参数对颗粒 MRT 的影响规律，图中纵坐标为各粒级颗粒 MRT 与细颗粒 MRT 比值 t_c/t_f，以便更好地对比其他粒级颗粒 MRT 与细颗粒 MRT 的差别，模拟选定的宽筛分粉体粗、细颗粒粒径相差 4 倍，意味着 t_c/t_f 需为 4～16 时，才可满足各种控制机制下粗、细颗粒同步转化需求。图中专门用虚线分别标识出了 $t_c/t_f=4$ 和 16 的条件，以利于比较。图 6.9(a) 显示了操作气速和挡板数目对 t_c/t_f 的影响，可见，在一定气速下，t_c/t_f 随挡板数目增加而增加，而在挡板数目一定时，t_c/t_f 随操作气速增加而增加，若实际体系各参数确定，则可在图 6.9(a) 中找到合适的操作气速和挡板数目。需要说明的是，对于一个确定的 t_c/t_f 需求，满足条件的气速-挡板数目组合可能有多个，

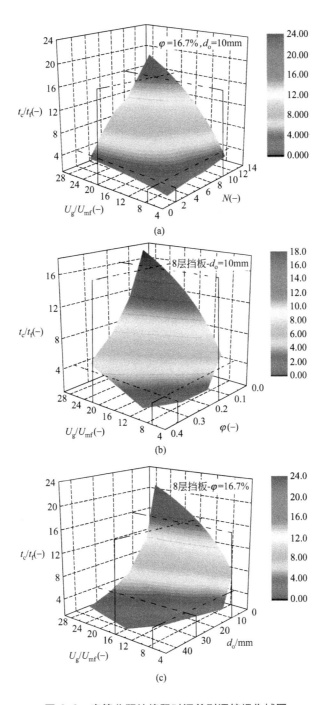

图 6.9　宽筛分颗粒停留时间差别调控操作域图

比如若想实现 $t_c/t_f=4$，挡板数目从 2 到 12 都可满足，当挡板数目为 10 时，可在 U_g/U_{mf} 为 7.9 下操作；当挡板数目为 6 时，可在 U_g/U_{mf} 为 11.0 下操作；当挡板数目为 2 时，在 U_g/U_{mf} 为 25.0 下操作。这种宽操作范围对实际过程是好事，一方面可以增加操作的弹性，对于一特定的流化床（挡板数目确定），可以通过改变操作气速满足不同控制机制对停留时间控制的要求，另一方面也增加设计的弹性。当然，若装置已确定（挡板数目及挡板参数），也可以通过图 6.9（a）找到最佳的操作气速。另外，使 t_c/t_f 保持在 4～16 间变化的气速范围为 7.9～20.0 倍最小流化速度，多孔挡板数目为 2～10 块。

图 6.9（b）显示了操作气速和挡板开孔率对 t_c/t_f 的影响，总体来看，t_c/t_f 达到 4 比较容易，气速和开孔率在较宽范围内都可达到，但 t_c/t_f 达到 16 的区间则较小，对于 8 块多孔挡板，在挡板开孔率为 15%、操作气速为 22 倍最小流化速度时，t_c/t_f 能够达到 16。另一方面，增加挡板数目，可放宽对开孔率的限制，比如上一章图 5.21 显示，对于 4 块挡板，在开孔率达到 25%、$U_g/U_{mf}=23$ 时，t_c/t_f 仅达到 2.8，而图 6.9（b）显示在 8 块挡板时，即使开孔率达到 40%，t_c/t_f 仍可达到 4.0。图 6.9（b）也显示，开孔率超过 25% 后，$t_c/t_f>4$ 的操作区域较小，对于粗、细颗粒 MRT 调控应用，挡板开孔率最好控制在 10%～20%，这也与第 5 章实验结果得出的结论一致。

图 6.9（c）显示了操作气速和挡板开孔孔径对 t_c/t_f 的影响，t_c/t_f 随开孔孔径增加而减小，即使对于 8 块多孔挡板、开孔率为 16.7%，孔径也需要小于 30mm，才可使 t_c/t_f 不低于 4，可见孔径对粗、细颗粒 MRT 影响巨大；而使 t_c/t_f 达到 16，挡板孔径必须较小，从图 6.9（c）来看，孔径不应高于约 10mm。由图 6.9（c）可见，开孔孔径超过 25mm 后，$t_c/t_f>4$ 的操作区域较小，对粗、细颗粒 MRT 调控不利。

从图 6.9 的理论预测结果，可以得出以下结论：

① 对于转化由化学反应控制的过程，通过多孔挡板很容易调控至粗、细颗粒同步转化所需的理论 MRT 比值，操作气速、挡板数目、开孔率和孔径都可以在很宽的范围内变化。相反地，若转化过程由内扩散控制，则调控较为困难，操作气速、挡板数目、开孔率和孔径都只能在较窄范围变化。实际过程中应尽量使转化过程由化学反应控制。

② 开孔率和孔径对粗、细颗粒 MRT 调控有重要影响，增加多孔挡板数目，可以适当增加挡板开孔率和孔径，但过多的挡板也会增加制作、安装和操作的难度，在挡板数目不多的情况下，开孔率可控制在 10%～25%、孔径可控制在

10～25mm，这样更有利于调节粗、细颗粒 MRT 比值以满足不同类型反应需求；开孔率大于 40%、孔径大于 30mm 时，多孔挡板对粗、细颗粒 MRT 的调控能力较弱；另一方面，若想以较少的多孔挡板获得较大的调控能力，则宜采用较低的开孔率和较小的开孔孔径，比如开孔率为 10%～20%，开孔孔径为 10～15mm。

③ 水平多级多孔挡板流化床属典型的多态操作，即对特定的 t_c/t_f 需求，可在气速-挡板数目-开孔率-孔径参数中找到很多组合，有利的一面是这会大幅增加设计和操作弹性，不利的一面是增加实际操作的复杂性，对于普通的流化床，一定范围、不同气速下操作差别可能不大，但对于宽筛分粉体多孔内构件流化床，要达到粗、细颗粒同步转化，只能维持在一个较窄的范围内操作，超出此窄范围，转化和选择性可能会大幅下降，这对实际操作控制的要求大幅提高，在实际运行过程中要引起足够的重视。

6.5　设计及操作优化初探

所建立的停留时间预测模型，除了可用于研究各种参数对粗、细颗粒 MRT 影响外，还可以用于多孔挡板流化床的设计和操作优化，下面用一个具体的实例说明设计及优化过程。假设有一粗、细颗粒粒径相差 4 倍的宽筛分粉体需要实现同步转化，选用多孔内构件予以调控，根据上节分析结果，设计目标之一是尽量降低挡板数目以简化设备制作和操作，因此，选择低开孔孔径 10mm 和低开孔率 16.7%，同时选择较高的操作气速（$U_g/U_{mf}=17$），做出这些设计选择后，通过模型计算，可得到所需挡板数目。图 6.10（a）显示了不同挡板数目下粗、细颗粒 MRT 比值（t_c/t_f），可见，如果转化过程由化学反应控制，则采用 3 块挡板即可满足粗、细颗粒同步转化需求。若转化过程由内扩散控制，则需要 12 块挡板，并且在这种情况下，粗、细颗粒 MRT 比值只是接近其理论转化时间比值，在低粒径比时粗、细颗粒 MRT 比值略高于理论所需比值，而高粒径比时粗、细颗粒 MRT 比值略低于理论所需比值。由图 6.10（a）也可以明显看出，不同挡板数流化床中粗、细颗粒 MRT 比值差距巨大，若不能很好地匹配，必然导致转化过程不同步，不是细颗粒转化过头，就是粗颗粒未完全转化，从而影响转化的效率和选择性。

另一方面，若多孔挡板流化床已定，所建模型还可用于指导操作，同样还是上述体系，假设最后选择的挡板数目为 10，在实际操作过程中，可以通过调节操作气速对粗、细颗粒 MRT 比值进行一定程度的调控，从而优化操作。如图

6.10(b) 所示，如果转化过程由化学反应控制，则在 7 倍最小流化速度下操作，粗、细颗粒 MRT 比值与其完全转化理论比值几乎完全重合，若转化过程由内扩散控制，则需要在 20～26 倍最小流化速度下操作，同样粗、细颗粒 MRT 比值与其完全转化理论比值无法做到完全重合，会存在一定偏差。

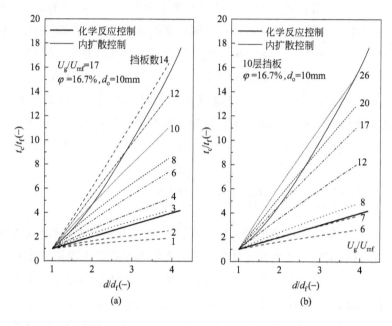

图 6.10　挡板数目（a）和操作气速（b）对粗、细颗粒 MRT 的影响

从上面的分析可知，尽管从设计的角度，水平多级多孔挡板流化床存在多态，即多种设计参数组合都可能达到同样的 MRT 调控效果，但一旦流化床确定，实际操作过程则对操作气速有严格的限制，或者说操作气速只能在一个很窄的范围内，才能实现粗、细颗粒 MRT 调控的目标，这可能是与窄粒径固体转化差别最大的地方，因为对于窄粒径流化操作，操作气速为 7 倍最小流化速度与 12 倍最小流化速度可能对转化过程没有什么大的影响，但对宽筛分颗粒，如图 6.10(b) 所示，7 倍最小流化速度粗、细颗粒 MRT 比值与 12 倍最小流化速度粗、细颗粒 MRT 比值有着巨大的差别，这会最终影响转化的效率。另一个值得注意的地方是内扩散控制下，粗、细颗粒 MRT 比值与其理论转化所需比值匹配较为困难，不仅所需的挡板数目较多，而且即使是采用较多挡板也难以实现完全匹配，因此，在有条件的情况下，应尽可能地将转化调节到化学反应控制下操作，当然，对于无法实现化学反应控制的过程，依据图 6.10 进行挡板设计和操作优化，其效果也会远好于没有调控的结果，即使是不能实现完全匹配，其MRT 比值也与其理论转化所需比值比较接近，其差别也远小于不调控的情况，所以不能完全匹配，也依然能够获得较好的结果。

6.6　本章小结

本章借鉴精馏过程模型化思路，基于粗、细颗粒向上流动能力不同，提出"扬析度"和"相对扬析度"概念，建立了水平多级多孔挡板流化床粗、细颗粒MRT 预测模型，得出以下结论：

（1）根据粗、细颗粒在流化床中通过多孔挡板能力的不同，以粗、细颗粒"扬析度"为基础，建立了预测多挡板流化床中各粒级颗粒 MRT 的数学模型，通过实验数据关联，获得了固相返混指数，粗、细颗粒扬析度和相对扬析度等的关联式。以实验测定数据和文献数据对所建立的模型进行了验证，证实所建模型能够较好地预测多孔挡板流化床中粗、细颗粒 MRT 变化规律，弥补了以往MRT 或 RTD 模型仅能预测单一粒径或平均粒径颗粒 MRT 的不足。

（2）通过模型计算，系统研究了操作气速、挡板数目、挡板开孔率、挡板开孔孔径等对粗、细颗粒 MRT 的影响，发现操作气速增加、挡板数目增加、开孔率减小、开孔孔径减小等都会使粗、细颗粒 MRT 差别（t/t_f）增加。多孔挡板适宜的开孔率在 $10\% \sim 25\%$，适宜的孔径在 $10 \sim 25mm$ 间，当开孔率大于 40% 或孔径大于 $30mm$ 时，多孔挡板对粗、细颗粒 MRT 几乎没有什么调控能力。采用较低的开孔率和较小的开孔孔径，比如开孔率在 $10\% \sim 20\%$，开孔孔径 $10 \sim 15mm$，可获得更好的调控能力。另外，水平多级多孔挡板流化床属典型的多态操作，对特定的 t_c/t_f 需求，可以有很多气速-挡板数目-开孔率-孔径参数组合，这可大幅增加设计和操作弹性，但同时也对实际过程操作控制提出了更高的要求。

（3）所建模型可为多孔挡板流化床设计和优化操作提供重要指导，可通过对挡板数目、开孔率、孔径等参数进行设计，以满足特定转化需求，而对特定流化床设计，则可通过模型计算，确定最佳的操作气速。宽筛分粉体转化过程操作气速只能在一个很窄的范围内，才能获得较好的粗、细颗粒 MRT 调控目标，偏离此最佳操作范围，将会影响转化过程效率。同时，鉴于获得较大粗、细颗粒MRT 差别较为困难，往往所需较大的挡板数目，因此，应尽可能地将转化过程控制在化学反应控制。

参 考 文 献

郭慕孙，庄一安，1963. 流态化垂直系统中均匀球体和流体的运动. 北京：科学出版社：9-11.

郝志刚，朱庆山，李洪钟，2006. 内构件流化床内颗粒停留时间分布及压降的研究. 过程工程学报，6（A2）：359-363.

张立博，2018. 流化床中宽筛分颗粒停留时间调控研究［D］. 中国科学院大学.

Beverloo W A，Leniger H A，Vandevelde J，1961. The flow of granular solids through orifices. Chemical Engineering Science，15（3）：260-269.

Cai R，Zhang Y，Li Q，et al，2014. Experimental characterizing the residence time distribution of large spherical objects immersed in a fluidized bed. Powder Technology，254：22-29.

Krisrnaiah K，Pydisetty Y，Varma Y B G，1982. Residence time distribution of solids in multistage fluidisation. Chemical Engineering Science，37（9）：1371-1377.

Michelsen M L，Ostergaard K，1970. The use of residence time distribution data for estimation of parameters in the axial dispersion model. Chemical Engineering Science，25（4）：583-592.

Raghuraman J，Varma Y B G，1973. A model for residence time distribution in multistage systems with cross-flow between active and dead regions. Chemical Engineering Science，28（2）：585-591.

Pillay P S，Varma Y B G，1983. Pressure drop and solids holding time in multistage fluidisation. Powder Technology，35（2）：223-231.

Schiller L，Naumann Z，1935. A drag coefficient correlation. Zeitschrift des Vereins Deutscher Ingenieure，77（1）：318-320.

Stokes R L，Nauman E B，1970. Residence time distribution functions for stirred tanks in series. Canadian Journal of Chemical Engineering，48（6）：723-725.

第7章

气固流化床宽筛分颗粒停留时间数值模拟

7.1 引言

对于流态化固相加工过程而言，所处理的物料往往是经粉磨机预处理呈宽粒度分布的颗粒，要实现流态化加工过程的高转化率，根据反应控制要求，粗、细颗粒分别需要较长或较短的反应停留时间，否则会引起欠反应或过反应的发生，从而影响产品的最终质量。对于气固流态化而言，在相同的操作气速下，即使粗、细颗粒均处于鼓泡流化状态，其各自的流化行为也不尽相同，导致不同粒径颗粒的固含率和速度分布均存在差异（Cooper et al.，2005），进而影响相应颗粒的停留时间分布。但受实验条件的限制，通常无法直接获得以上流化参数，而借助计算机模拟实验的方法则可简单有效地获取相关信息，实现对操作条件（气速、进料速率、床层持料量）和床型结构（床体形状、内构件、分布板、固体物料进出口位置与结构）等因素对各粒径颗粒停留时间影响的研究，进而满足粗、细颗粒不同反应时间的要求。因而，本章采用CFD模拟方法对不同粒径颗粒停留时间的差异原因与预测调控进行了相关研究。

7.2 宽筛分颗粒停留时间模拟模型

固相停留时间的正确计算需建立在对气固流动行为准确描述的基础之上。针对宽筛分物料的复杂流化状态，需研究建立针对宽粒度颗粒鼓泡流化的局部结构参数及结构-曳力关系理论，并将该关系模型与多相流模型相耦合，取代传统双流体模型中的气固传动关系模型，对宽粒径颗粒流化状态进行计算模拟，进而获得不同粒径颗粒的停留时间分布数据，用于流化床反应器的应用研究。

7.2.1 宽粒度鼓泡流化床结构预测模型

李洪钟等（2020）已对鼓泡流化床的结构预测模型进行了较详细的阐述，但是以往所研究的固相多为单粒径或窄粒度分布的颗粒，目前所研究的物料则是多粒度或宽分布原料，其"三传一反"的行为更为复杂，相应的结构预测模型需要重新建立。

图 7.1 是宽粒度颗粒鼓泡流化床结构示意图，为研究方便将气泡近似为球形。流动结构需用如下参数定量描述，其中有的为已知的物性参数和操作变量，

有的则是未知参数，需要建立模型加以预测。

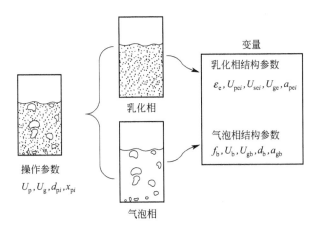

图 7.1　宽筛分颗粒鼓泡流化床结构示意图

（1）乳化相（emulsion phase）

已知参数：颗粒表观速度 U_p，m/s；多粒度颗粒直径 $d_{pi}(i=1，2，3\cdots n)$，m；各粒度颗粒在混合颗粒中的质量分数 x_{pi}（$i=1$，2，$3\cdots n$）；平均粒径 $\overline{d}_p=\dfrac{1}{\sum\limits_{i=1}^{n}\dfrac{x_{pi}}{d_{pi}}}$，m；颗粒密度 ρ_p，kg/m^3。

未知参数：空隙率 ε_e；颗粒的平均表观速度 U_{pe}，m/s；各组分颗粒表观速度 U_{pei}（$i=1$，2，$3\cdots n$），m/s；U_{sei} 为乳化相中的单相颗粒气固表观滑移速度，m/s；各组分颗粒加速度 a_{pei}（$i=1$，2，$3\cdots n$），m/s^2；气体表观速度 U_{ge}，m/s。

（2）气泡相（bubble phase）

已知参数：气体密度 ρ_g，kg/m^3；气体黏度 μ_g，$kg/(m \cdot s)$；气体压力 p_g，Pa；气体温度 t_g，K。

未知参数：气泡运动速度 U_b（假设气体中无颗粒，空隙率 $\varepsilon_b=1.0$），m/s；气泡相体积分数 f_b；气泡中气体流动表观速度 U_{gb}（因 $\varepsilon_b=1.0$，故表观速度等于真实速度），m/s；气泡直径 d_b，m；气泡加速度 a_{gb}，m/s^2。

（3）整体

已知参数：颗粒流率 G_p，$kg/(m^2 \cdot s)$；气体表观速度 U_g，m/s。

总计 $8+2n$ 个未知参数需建立模型求解。

7.2.2 宽粒度鼓泡流化床流动结构参数的求解

要求解 $8+2n$ 个未知参数，通常需建立 $8+2n$ 个独立的方程。首先建立各相的动量和质量守恒方程，然后建立必要的补充方程，加以封闭求解。

（1）气泡受力平衡方程 气泡在乳化相包围中上升，受力情况为气泡与乳化相滑移运动产生的摩擦曳力 $F_{Db}(N/m^3)$，气泡受到乳化相的浮力 $F_{fb}(N/m^3)$，气泡本身的重力 $F_{wb}(N/m^3)$。此时气流穿过气泡（U_{gb}，m/s）产生的作用力暂不考虑，同时将乳化相作为拟流体来处理。

乳化相密度 ρ_e（kg/m^3）可以表述为：

$$\rho_e = \rho_p(1-\varepsilon_e) + \rho_g \varepsilon_e \tag{7.1}$$

乳化相表观速度 U_e(m/s) 为：

$$U_e = \frac{\rho_p U_{pe} + \rho_g U_{ge}}{\rho_p(1-\varepsilon_e) + \rho_g \varepsilon_e} \tag{7.2}$$

乳化相体积分数为：$1-f_b$

乳化相黏度 μ_e [$kg/(m \cdot s)$] 可表达为（Thomas，1965）：

$$\mu_e = \mu_g [1 + 2.5(1-\varepsilon_e) + 10.5(1-\varepsilon_e)^2 + 0.00273\exp(16.6(1-\varepsilon_e))] \tag{7.3}$$

① 气泡与乳化相滑移运动产生的摩擦曳力 $F_{Db}(N/m^3)$ 为：

$$F_{Db} = C_{Db} \frac{1}{2} \rho_e \frac{\pi}{4} d_b^2 U_{sb}^2 \tag{7.4}$$

式中，C_{Db} 为气泡相与乳化相作用曳力系数；U_{sb} 为乳化相与气泡相的表观滑移速度，m/s。

依据定义，有：

$$U_{sb} = (U_b - U_e)(1-f_b) \tag{7.5}$$

式中，U_b、U_e 分别为气泡与乳化相的真实速度（说明：此时的真实速度等于表观速度，因各自的体积分数均为 1.0）。

C_{Dbo} 为单个气泡与乳化相作用的曳力系数，根据文献（Ishii et al.，1979）有：

$$C_{Dbo} = \begin{cases} 38Re_b^{-1.5}, 0 < Re_b < 1.8 \\ 2.7 + \dfrac{24}{Re_b}, Re_b > 1.8 \end{cases} \qquad 其中 Re_b = \frac{\rho_e d_b U_{sb}}{\mu_e} \tag{7.6}$$

$$C_{Db} = C_{Dbo}(1 - f_b)^{-0.5} \tag{7.7}$$

② 气泡受到乳化相的浮力 $F_{fb}(\mathrm{N/m^3})$ 为：

$$F_{fb} = \frac{\pi}{6} d_b^3 \rho_e g \tag{7.8}$$

式中，g 为重力加速度，$g = 9.81\mathrm{m/s^2}$。

③ 气泡本身的重力 F_{wb} 为：

$$F_{wb} = \frac{\pi}{6} d_b^3 \rho_g g \tag{7.9}$$

因此，气泡受力平衡方程为：

$$F_{Db} = F_{fb} - F_{wb} - \frac{\pi}{6} d_b^3 \rho_g a_{gb}$$

即：

$$C_{Db} \frac{1}{2} \rho_e \frac{\pi}{4} d_b^2 U_{sb}^2 = \frac{\pi}{6} d_b^3 (\rho_e g - \rho_g g - \rho_g a_{gb}) \tag{7.10}$$

(2) 乳化相颗粒群的力平衡方程

① 乳化相中单个颗粒受到气流的曳力 F_{Dei}（$i = 1, 2, 3 \cdots n$）$(\mathrm{N/m^3})$ 为：

$$F_{Dei} = C_{Dei} \frac{1}{2} \rho_g \frac{\pi}{4} d_{pi}^2 U_{sei}^2 \tag{7.11}$$

式中，C_{Dei} 为乳化相中单相颗粒与气体作用曳力系数。

乳化相的空隙率 ε_e 通常小于 0.8，可用 Ergun 方程（Ergun et al.，1949）推导出单相颗粒与气流之间的曳力系数为：

$$C_{Dei} = 150 \frac{\varepsilon_{pei}(1 - \varepsilon_e)\mu_g}{\varepsilon_e d_{pi}^2} + 1.75 \frac{\rho_g \varepsilon_{pei}}{\varepsilon_e d_{pi}} U_{sei} \tag{7.12}$$

式中，ε_{pei} 为乳化相中的单相颗粒含率。

依据定义有：

$$U_{sei} = \left(\frac{U_{ge}}{\varepsilon_e} - \frac{U_{pei}}{\varepsilon_{pei}} \right) \varepsilon_e = U_{ge} - U_{pei} \frac{\varepsilon_e}{\varepsilon_{pei}} \tag{7.13}$$

② 单位体积床层中的乳化相气体对乳化相各颗粒的曳力 F_{Deni}（$i = 1, 2, 3 \cdots n$）$(\mathrm{N/m^3})$ 为：

$$F_{Deni} = \frac{(1 - f_b)\varepsilon_{pei}}{\frac{\pi}{6} d_{pi}^3} C_{Dei} \frac{1}{2} \rho_g \frac{\pi}{4} d_{pi}^2 U_{sei}^2 = \frac{3}{4} C_{Dei} \rho_g \frac{(1 - f_b)\varepsilon_{pei}}{d_{pi}} U_{sei}^2 \tag{7.14}$$

③ 单位体积床层中气泡对乳化相中各颗粒的曳力 F_{Dbni} （$i=1$，2，3…n）（N/m³）

单个气泡上升作用于乳化相的力 F_{Db} 可以分解为两个力，一个是作用在乳化相颗粒上的力 F_{Dbp} （N/m³），另一个是作用在乳化相气体上的力 F_{Dbg} （N/m³），即：

$$F_{Db} = F_{Dbp} + F_{Dbg} \tag{7.15}$$

其中：

$$F_{Dbp} = \frac{\rho_p (1-\varepsilon_e)}{\rho_e} F_{Db} \tag{7.16}$$

$$F_{Dbn} = \frac{f_b}{\frac{\pi}{6} d_b^3} F_{Dbp} = \frac{f_b}{\frac{\pi}{6} d_b^3} F_{Db} (1-\varepsilon_e) \frac{\rho_p}{\rho_e}$$

$$= \frac{f_b (1-\varepsilon_e)}{\frac{\pi}{6} d_b^3} \frac{\rho_p}{\rho_e} C_{Db} \frac{1}{2} d_b^2 \frac{\pi}{4} \rho_e U_{sb}^2$$

$$= \frac{3}{4} f_b (1-\varepsilon_e) C_{Db} \frac{\rho_p}{d_b} U_{sb}^2 \tag{7.17}$$

由此可得单位体积床层中气泡对乳化相中各颗粒的曳力 F_{Dbni} （$i=1$，2，3…n）（N/m³）为：

$$F_{Dbni} = \frac{\varepsilon_{pei}}{1-\varepsilon_e} F_{Dbn} = \frac{3}{4} f_b \varepsilon_{pei} C_{Db} \frac{\rho_p}{d_b} U_{sb}^2 \tag{7.18}$$

④ 单位体积床层中乳化相各颗粒的表观重力 F_{egi} （$i=1$，2，3…n）（N/m³）为：

$$F_{egi} = (1-f_b)(\rho_p - \rho_g)\varepsilon_{pei} g \tag{7.19}$$

因此乳化相各颗粒群的力平衡方程为：

$$F_{Deni} + F_{Dbni} = F_{egi}$$

即：

$$\frac{3}{4} C_{Dei} \rho_g \frac{(1-f_b)\varepsilon_{pei}}{d_{pi}} U_{sei}^2 + \frac{3}{4} f_b \varepsilon_{pei} C_{Db} \frac{\rho_p}{d_b} U_{sb}^2 = (1-f_b)\varepsilon_{pei}(\rho_p - \rho_g)(g + a_{pei}) \tag{7.20}$$

（3）气泡中气体速度方程　气泡中的气流速度 U_{gb} 往往难以估算，根据对气泡的实验观测（Mori et al.，1975）可分为以下两种情况：

① 当气泡速度 U_b 小于乳化相中气流的真实速度 $\dfrac{U_{ge}}{\varepsilon_e}$ 时（即 $U_b < \dfrac{U_{ge}}{\varepsilon_e}$），乳相中的气流会从气泡底部进入气泡后从气泡顶部穿出再进入乳化相，此时进入气泡的气流表观速度（为真实速度，因气泡内的空隙率为 1.0）也为 U_{ge}，即：

$$U_{gb} = U_{ge} \tag{7.21a}$$

② 当气泡速度 U_b 大于等于乳化相中气流的真实速度 $\dfrac{U_{ge}}{\varepsilon_e}$ 时（即 $U_b \geqslant \dfrac{U_{ge}}{\varepsilon_e}$），乳化相中的气流不会进入气泡，但气泡周围会出现气泡云，气流从气泡顶部沿气泡云下到达气泡底部时被吸入气泡，再从顶部进入气泡云，形成气流环，但净流率为零。此时：

$$U_{gb} = 0 \tag{7.21b}$$

（4）气体质量守恒方程

$$U_g = U_{ge}(1 - f_b) + U_b f_b + U_{gb} f_b = U_{ge}(1 - f_b) + (U_b + U_{gb}) f_b \tag{7.22}$$

（注：气泡以 U_b 速度向上运动时，其中的气体以 U_{gb} 向上穿过气泡，总气量应为两者的加和）。U_g 为已知操作条件下气体的表观速度。

（5）固体质量守恒方程

$$U_{pi} = U_{pei}(1 - f_b)\varepsilon_{pei} \tag{7.23}$$

式中：$U_{pi} = \dfrac{G_{pi}}{\rho_p}$ 为颗粒表观速度，m/s；G_{pi} 为颗粒流率，$kg/(m^2 \cdot s)$。鼓泡床有时无进出料，$G_{pi} = 0$，则 $U_{pi} = U_{pei} = 0$。

（6）平均空隙率方程

$$\varepsilon_g = \varepsilon_e(1 - f_b) + f_b \varepsilon_b \tag{7.24}$$

（7）气泡相与乳化相两相等压降梯度方程　　根据床层水平截面上各点气体压力相等的原则，判定气体流过气泡相的压降与流过乳化相的压降相等，故可依此建立等压降梯度方程。

① 乳化相的压降梯度 $\left(\dfrac{\mathrm{d}p}{\mathrm{d}z}\right)_e$

$$\left(\frac{\mathrm{d}p}{\mathrm{d}z}\right)_e = \sum_{i=1}^{M} \frac{\varepsilon_{ei}}{\frac{\pi}{6}d_{pi}^3} C_{Dei} \frac{1}{2}\rho_g \frac{\pi}{4}d_{pi}^2 U_{sei}^2 = \frac{3}{4}\rho_g \sum_{i=1}^{M} C_{Dei} \frac{\varepsilon_{ei}}{d_{pi}} U_{sei}^2 \tag{7.25}$$

② 气泡相压降梯度 $\left(\dfrac{\mathrm{d}p}{\mathrm{d}z}\right)_b$

气泡相压降梯度是由于气泡相气流与乳化相表面作用力所产生的气泡相气体

的压降梯度。

$$\left(\frac{\mathrm{d}p}{\mathrm{d}z}\right)_{\mathrm{b}} = \frac{f_{\mathrm{b}}}{\frac{\pi}{6}d_{\mathrm{b}}^3} C_{\mathrm{Db}} \frac{1}{2}\rho_{\mathrm{e}} \frac{\pi}{4}d_{\mathrm{b}}^2 U_{\mathrm{sb}}^2 \frac{1}{f_{\mathrm{b}}} = \frac{3}{4} C_{\mathrm{Db}} \frac{\rho_{\mathrm{e}}}{d_{\mathrm{b}}} U_{\mathrm{sb}}^2 \tag{7.26}$$

③ 气泡相和乳化相两相等压降梯度方程

$$\left(\frac{\mathrm{d}p}{\mathrm{d}z}\right)_{\mathrm{e}} = \left(\frac{\mathrm{d}p}{\mathrm{d}z}\right)_{\mathrm{b}}$$

即:

$$\rho_{\mathrm{g}} \sum_{i=1}^{M} C_{\mathrm{De}i} \frac{\varepsilon_{\mathrm{e}i}}{d_{\mathrm{p}i}} U_{\mathrm{se}i}^2 = C_{\mathrm{Db}} \frac{\rho_{\mathrm{e}}}{d_{\mathrm{p}}} U_{\mathrm{sb}}^2 \tag{7.27}$$

（8）气泡速度与气泡直径关系的经验方程　Davidson 和 Harrison（1964）提出了气泡速度与气泡直径关系的经验方程:

$$U_{\mathrm{b}} = (U_{\mathrm{g}} - U_{\mathrm{mf}}) + 0.71(g d_{\mathrm{b}})^{0.5} \tag{7.28}$$

式中，U_{mf} 为表观临界流态化速度，m/s，其为颗粒与流体性质的函数，有许多经验方程可供选择（Kunii et al.，1991），Anantharaman 等（2018）对此进行了总结，如:

$$U_{\mathrm{mf}} = \frac{0.00923 \bar{d}_{\mathrm{p}}^{1.82} (\rho_{\mathrm{p}} - \rho_{\mathrm{g}})^{0.94}}{\mu_{\mathrm{g}}^{0.88} \rho_{\mathrm{g}}^{0.06}} \tag{7.28a}$$

气泡速度方程（7.28）虽为经验方程，但其本质应反映气泡的力平衡，故与方程（7.10）相互独立，仅可从中选择一个。

Darton 等（1977）提出了气泡直径与床高之间的经验关联式:

$$d_{\mathrm{b}} = 0.54(U_{\mathrm{g}} - U_{\mathrm{mf}})^{0.4}(h + 0.12)^{0.8} g^{-0.2} \tag{7.29}$$

（9）乳化相空隙率经验方程　Richardson 和 Zaki 提出了无气泡的散式流化床中空隙率与气固表观滑移速度之间的关系式:

$$\varepsilon_{\mathrm{e}}^n = \frac{U_{\mathrm{ge}}}{U_{\mathrm{t}}} \tag{7.30}$$

式中的空隙率指数 n 可由下式取对数计算:

$$\varepsilon_{\mathrm{mf}}^n = \frac{U_{\mathrm{mf}}}{U_{\mathrm{t}}} \tag{7.30a}$$

$$n = \frac{\ln \dfrac{U_{\mathrm{mf}}}{U_{\mathrm{t}}}}{\ln \varepsilon_{\mathrm{mf}}} \tag{7.30b}$$

式中，$\varepsilon_{\mathrm{mf}}$ 为起始流化空隙率；U_{t} 为颗粒的终端速度，m/s，可计算或由实

验测定。

Abrahamsen 和 Geldart 曾提出乳化相中空隙率随气固表观滑移速度变化的经验关联式（Abrahamsen et al.，1980a，1980b）：

$$\left(\frac{\varepsilon_e}{\varepsilon_{mf}}\right)^3 \frac{1-\varepsilon_{mf}}{1-\varepsilon_e} = \left(\frac{U_{ge}}{U_{mf}}\right)^{0.7} \tag{7.30c}$$

以上方程可联立求解 $8+2n$ 个未知参数，其中方程（7.27）、方程（7.28）与方程（7.30）也可以由其他经验方程代替。

7.2.3　鼓泡流化床不均匀结构的分解-合成方法

分解-合成方法是研究复杂体系的有效方法（李洪钟 等，2014）。首先用分解的方法将气固鼓泡流化床的多相非均匀结构分解为两个均匀分散相结构，如图 7.1 所示。分别为乳化相和气泡相，乳化相中各颗粒群 d_{pi} 在流体中均匀分布，气泡相中无颗粒（Ahmad et al.，2019），也可视为在局部流场中均匀分布。对于均匀分散相中气固间的曳力、传质和传热速率，都有可靠的理论或经验计算公式可选。在分别计算了各相的曳力、传质和传热速率后，根据同方向的力以及质量和热量具有简单的加和性，将各相的曳力、传质和传热速率进行简单加和，则可获得不均匀结构整体的曳力、传质和传热速率，进而求得平均的曳力、传质和传热系数。

7.2.4　宽粒度鼓泡流化床动量传递的曳力系数模型

（1）单位体积床层中乳化相中颗粒群 d_{pi}（m）的曳力 F_{Deni}（$i=1,2,3\cdots n$）（N/m³）：

$$F_{Deni} = \frac{3}{4} C_{Dei} \frac{\rho_g}{d_{pi}} (1-f_b) \varepsilon_{pei} U_{sei}^2 \tag{7.14}$$

（2）单位体积床层中气泡对乳化相中颗粒群 d_{pi} 的曳力 F_{Dbni}（$i=1，2，3\cdots n$）（N/m³）：

$$F_{Dbni} = \frac{3}{4} f_b \varepsilon_{pei} C_{Db} \frac{\rho_p}{d_b} U_{sb}^2 \tag{7.18}$$

（3）单位体积床层中气体对颗粒群 d_{pi} 之间的总曳力 F_{Di}（$i=1，2，3\cdots n$）（N/m³）：

$$\begin{aligned}
F_{Di} &= F_{Deni} + F_{Dbni} \\
&= \frac{3}{4} C_{Dei} \rho_g \frac{(1-f_b)\varepsilon_{pei}}{d_{pi}} U_{sei}^2 + \frac{3}{4} f_b \varepsilon_{pei} C_{Db} \frac{\rho_p}{d_b} U_{sb}^2
\end{aligned} \tag{7.31}$$

（4）结构与平均曳力系数的关系式

依据平均曳力系数 $\overline{C}_{Di}$ 的定义，又可得：

$$F_{Di}=\frac{(1-f_b)\varepsilon_{pei}}{\frac{\pi}{6}d_{pi}^3}\overline{C}_{Di}\ \frac{1}{2}\rho_g\frac{\pi}{4}d_{pi}^2U_{si}^2=\frac{3}{4}\overline{C}_{Di}\rho_g\ \frac{(1-f_b)\varepsilon_{pei}}{d_{pi}}U_{si}^2 \quad (7.32)$$

U_{si} 为床层气固平均表观滑移速度，m/s，且：

$$U_{si}=\left[\frac{U_g}{\varepsilon_g}-\frac{U_{pi}}{(1-f_b)\varepsilon_{epi}}\right]\varepsilon_g=U_g-U_{pi}\ \frac{\varepsilon_g}{(1-f_b)\varepsilon_{epi}} \quad (7.33)$$

式中，ε_g 为平均空隙率，且：

$$\varepsilon_g=\varepsilon_e(1-f_b)+f_b\varepsilon_b=\varepsilon_e(1-f_b)+f_b(因\ \varepsilon_b=1.0) \quad (7.24)$$

对比式（7.31）和式（7.32）可得：

$$\overline{C}_{Di}=C_{Dei}(1-f_b)\frac{(1-\varepsilon_e)}{(1-\varepsilon_g)}\left(\frac{U_{sei}}{U_{si}}\right)^2+C_{Db}f_b\ \frac{(1-\varepsilon_e)}{(1-\varepsilon_g)}\frac{\rho_p}{\rho_g}\frac{d_{pi}}{d_b}\left(\frac{U_{sb}}{U_{si}}\right)^2 \quad (7.34)$$

式（7.34）即为宽筛分颗粒群 i 在鼓泡流化床中结构参数与平均曳力系数的关系式。

李洪钟等（Lv et al.，2014，Liu et al.，2016，Wang et al.，2014）曾采用分解-合成方法建立气固鼓泡床局部流动结构与平均曳力关系模型：

$$\overline{C}_D=C_{De}(1-f_b)\frac{(1-\varepsilon_e)}{(1-\varepsilon_g)}\left(\frac{U_{se}}{U_s}\right)^2+C_{Db}f_b\ \frac{(1-\varepsilon_e)}{(1-\varepsilon_g)}\frac{\rho_p}{\rho_g}\frac{d_p}{d_b}\left(\frac{U_{sb}}{U_s}\right)^2 \quad (7.35)$$

对比式（7.34）和式（7.35）可发现宽筛分颗粒群组分 i 的曳力系数表达式与单一组分颗粒群曳力系数表达式的形式完全一样，只需将单组分曳力系数表达式中的相应滑移速度（U_{se}，U_s）和颗粒粒径 d_p 改为各组分滑移速度（U_{sei}，U_{si}）和对应粒径 d_{pi} 即可，式中并不含有组分 i 的体积分数 x_{pi}（即 ε_{epi}），说明组分 i 的基于结构的曳力系数 $\overline{C}_{Di}$ 与 x_{pi} 无关，因此不需要乳化相中多组分颗粒混合均匀的假定。

7.2.5　双粒径颗粒停留时间分布的模拟与验证

以文献（Yagi et al.，1961）中提供的实验条件和数据为原型，本部分对双粒径 D 类颗粒在鼓泡床中的停留时间进行了计算验证（Zou et al.，2017a）。实验颗粒物料为石英砂，圆柱形流化床内径 80mm，初始填料高度 $H_0=47.5$mm，流化介质为室温常压干燥空气。石英砂的颗粒密度 $\rho_p=2620$kg/m³，两种颗粒直径分别为 $d_{p1}=796\mu$m（质量分数 $=80\%$）和 $d_{p2}=995\mu$m（质量分数 $=20\%$），混合物料的平均粒径为 $\overline{d}_p=829\mu$m。

基于结构模型计算得到不同粒径颗粒非均匀因子 $H_d(=\beta_{结构模型}/\beta_{Gidaspow}$，$\beta$

为相间曳力系数）的变化关系如图 7.2 所示，可以看出 H_d 值随着颗粒尺寸的增加而变大，这是因为对同样的流化气速而言，颗粒起始流化速率随其粒径的增加而变大，相应床中气泡尺寸也将随过量气体的减少而缩小，进而床层结构更趋均匀，使得 H_d 值更接近于 1.0。

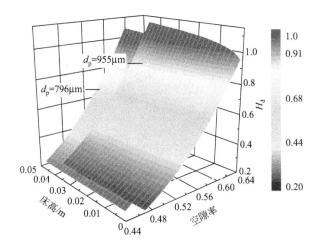

图 7.2　不同粒径颗粒的非均匀因子（H_d）变化关系图

表 7.1 列出了系统停留时间的具体数值，其中 τ 为混合颗粒整体平均停留时间的实验值，$\hat{t}$ 为停留时间的计算值，δ_t 为计算与实验值间的偏差。从中发现，结构模型较传统 Gidaspow 模型的准确度较高，此外粗、细颗粒均具有各自的计算平均停留时间，并且系统的整体平均停留时间主要由所占比重较大的颗粒相所决定。

表 7.1　基于不同曳力模型的双粒径颗粒系统停留时间计算值

H_0/mm	U_g/(m/s)	G_{in}/(kg/s)	τ/s	$\hat{t}_{796}$/s	$\hat{t}_{995}$/s	$\hat{t}_{mix}$/s	δ_t/%	曳力模型
47.5	1.47	0.0034	86	52	57	54	−35.94	Gidaspow
				67	73	69	−16.87	结构模型

注：G_{in} 为进料速率；τ 为平均停留时间。

图 7.3 的外图为粗细各组分的停留时间分布曲线，内图为混合体系的整体停留时间分布曲线。基于结构模型计算所得 MRT = 69s 较传统 Gidaspow 模型（MRT = 54s）更接近于实验结果（MRT = 86s）。在流化前期细颗粒（d_p = 796μm）较粗颗粒（d_p = 995 μm）更容易从床中流出，而后较大比重粗颗粒在后期缓慢从床中流出，这主要是因为相对于同样的流化气速，粗颗粒较细颗粒在床中的运动速度较小，以致其具有较长的停留时间。

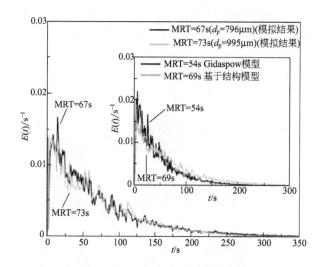

图 7.3　基于结构模型的双粒径颗粒系统停留时间分布曲线

7.3　横向内构件流化床颗粒平均停留时间模拟结果

本书第 5 章研究探讨了宽筛分颗粒 MRT 的差别机理，通过实验证明借助横向内构件可有效调控宽筛分颗粒各粒级 MRT，实现不同控制条件下各粒级颗粒的同步转化要求。第 6 章借鉴气液精馏理论，建立了预测多挡板流化床中各粒级颗粒 MRT 的数学模型，为宽筛分颗粒的停留时间调控优化提供设计参考。本节则借助 CFD 计算方法，通过模拟分析多颗粒体系在多层横向挡板流化床中的气固流动行为，研究挡板结构参数对颗粒分级的相关影响，限于 CFD 计算效率原因，本部分仅对宽筛分颗粒 MRT 差别进行了定性预测。

由于多层横向挡板将整体床层分成不同竖段，每段之间存在密相和稀相共存。一定高度稀相区域存在于挡板下方，气泡进入稀相区后消失，而气体通过挡板上小孔后又重新形成新的气泡继续上升，可见多孔挡板可作为气体分布器。因此，整个流化床的曳力模型为多个自由床曳力模型的串联组合。所以，气固相间动量交换模型参考 Yang 等（2015）在非均匀结构模型基础上修正的多挡板鼓泡床结构曳力模型，并进一步将上述模型拓展到多粒级颗粒流化床，进而结合实验数据对其进行计算验证。

7.3.1　模拟对象及参数设置

张立博（2018）以四层挡板流化床（如图 7.3 所示）为模拟研究对象，床直径为 190mm，高为 900mm，挡板间距 120mm，挡板为多孔挡板，开孔率为16.7%，孔径为 20mm，操作气速为 $U_g = 0.4$ m/s，宽筛分颗粒为玻璃珠，粗（315～355 μm）、中（160～180 μm）、细（74～98 μm）三种粒径颗粒初始填料体积分数分别为 28.8%，24.3%，15.4%。

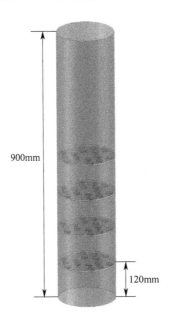

900mm

120mm

图 7.4　多挡板流化床示意图

本节中采用欧拉双流体模型与多组分曳力模型耦合来模拟鼓泡床内多颗粒体系流动行为，每一粒级颗粒作为一种固相处理。相间曳力模型计算得到四层挡板流化床在操作条件下（$U_g = 0.4$ m/s）的非均匀修正因子 H_d，如表 7.2。

表 7.2　四层挡板流化床气固曳力非均匀修正因子

气速	非均匀因子/H_d	适用范围(h,m)
$U_g = 0.4$m/s $\varepsilon_{mf} = 0.783$	$H_d = 2.142 - 11.11\varepsilon_g - 0.2279h + 16.85\varepsilon_g^2$ $- 4.94\varepsilon_g h + 2.391h^2$	$0 \leqslant h \leqslant 0.12$
	$H_d = 1.165 - 8.556\varepsilon_g - 0.04431(h-0.12) + 11.08\varepsilon_g^2$ $+ 0.1087\varepsilon_g(h-0.12) - 0.00414(h-0.12)^2$	$0.12 \leqslant h \leqslant 0.24$
	$H_d = 1.165 - 8.556\varepsilon_g - 0.04431(h-0.24) + 11.08\varepsilon_g^2$ $+ 0.1087\varepsilon_g(h-0.24) - 0.00414(h-0.24)^2$	$0.24 \leqslant h \leqslant 0.36$
	$H_d = 1.165 - 8.556\varepsilon_g - 0.04431(h-0.36) + 11.08\varepsilon_g^2$ $+ 0.1087\varepsilon_g(h-0.36) - 0.00414(h-0.36)^2$	$0.36 \leqslant h \leqslant 0.48$
	$H_d = 1.165 - 8.556\varepsilon_g - 0.04431(h-0.48) + 11.08\varepsilon_g^2$ $+ 0.1087\varepsilon_g(h-0.48) - 0.00414(h-0.48)^2$	$0.48 \leqslant h$

7.3.2 气固流动行为分析

分别采用鼓泡床结构模型（Drag S）和传统 Gidaspow 曳力模型（Drag G）对四层挡板流化床内气固流动行为进行模拟，并对比分析其模拟结果。图 7.5 为四层挡板流化床中细颗粒轴向质量分数分布实验值与模拟值对比，可以看出两种模型均能反映出细颗粒轴向浓度变化，即沿床高增加，细颗粒浓度增加，与实验研究相符合。但相对 Gidaspow 曳力模型，鼓泡床结构参数模型更准确地反映出四层挡板流化床内的颗粒浓度分布。

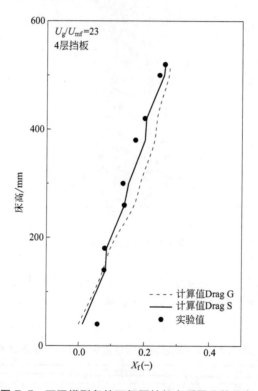

图 7.5　不同模型条件下细颗粒轴向质量分数分布

基于结构曳力模型计算，分析宽筛分颗粒粗、中和细颗粒在四层挡板流化床中的流动情况。图 7.6 为采用结构模型模拟得到的床中多粒级颗粒含率分布图。由流化床初始流化时（1s）可以看出，各粒级颗粒在四层挡板流化床中各层浓度相差不大。随着床层完全流化，细颗粒在床上部区域聚集，而粗颗粒在床下部区域聚集，其主要原因为粗、细颗粒所受曳力/重力不同，并且细颗粒更易进入上一床层（Zhang et al.，2012）。

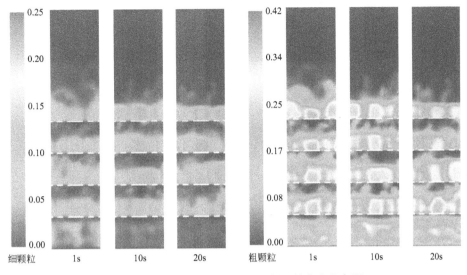

图 7.6　四层挡板流化床中粗、细颗粒含率分布图

7.3.3　挡板结构参数影响

为了更好地对比挡板结构对不同粒级颗粒流化停留时间的影响，通过计算进一步分析四种不同挡板开孔率和孔径对床中各粒级颗粒浓度分布的影响，具体挡板结构参数见表 7.3 所示。

表 7.3　具体挡板结构参数

序号	开孔率/%	孔径/mm
1	16.7	20
2	41.0	20
3	16.7	10
4	16.7	32

图 7.7 为挡板开孔率对宽筛分颗粒轴向质量分数分布的影响。以图 7.7（a）细颗粒轴向质量分数分布为例，可以看出挡板开孔率为 16.7% 时，沿床高增加，细颗粒质量分数由 0.1 增至 0.5，由此可见床层底部与顶部浓度相差较大，细颗粒趋于聚集在床层上部。而挡板开孔率增至 41.0% 时，细颗粒质量分数沿床高由 0.2 增至 0.45，细颗粒轴向浓度变化程度远小于低挡板开孔率情况。而图 7.7（b）中可以看出挡板开孔率对中颗粒浓度分布影响不大。图 7.7（c）可以看出粗颗粒浓度沿床高增加逐步降低，但挡板开孔率影响规律与细颗粒相同，即挡板开孔率越小颗粒轴向浓度变化幅度越大。这与本书第 5 章实验研究结果相吻合。

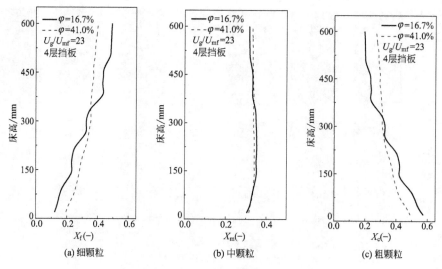

(a) 细颗粒　　　　　　　　(b) 中颗粒　　　　　　　　(c) 粗颗粒

图 7.7　挡板开孔率对宽筛分颗粒轴向质量分数分布的影响

图 7.8 为挡板开孔孔径对各粒级颗粒轴向质量分数分布影响。对比图 7.8(a)～(c)，可以看出挡板开孔孔径越大，粗、细颗粒轴向浓度随床高变化程度越小。以图 7.18(c) 为例，挡板孔径为 10mm 时，流化床顶部的粗颗粒质量分数为 0.15，而底部粗颗粒质量分数约为 0.65，约为顶部浓度的 4.33 倍。而随着挡板孔径增至 32mm 时，粗颗粒质量分数随床高增加由 0.47 降至 0.19，底部浓度与顶部相差 2.47 倍。挡板开孔孔径对宽筛分颗粒浓度分布的影响规律也与本书第 5 章研究结果相同。

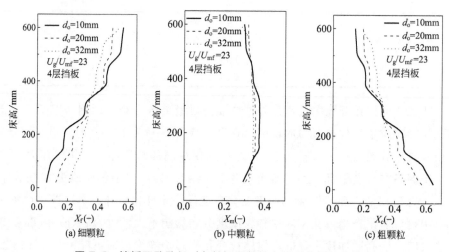

(a) 细颗粒　　　　　　　　(b) 中颗粒　　　　　　　　(c) 粗颗粒

图 7.8　挡板开孔孔径对各粒级颗粒轴向质量分数分布影响

由前期实验研究可知挡板结构参数对宽筛分颗粒 MRT 差别的影响，即挡板开孔率或开孔孔径越小，各粒级颗粒间 MRT 差别越大，其直接原因可归结于床内各粒级颗粒浓度的差异。上述模拟研究发现挡板开孔率或开孔孔径越小，更多细颗粒聚集在流化床上方区域，粗颗粒则聚集在流化床底部，意味着连续进出料床内细颗粒比粗颗粒更易排出床外，从而使粗、细颗粒 MRT 差别增加。

7.4　纵向内构件流化床颗粒平均停留时间模拟结果

如第 3 章所述，流化床中加入内构件可以有效破碎气泡，强化气固接触，改善流化质量。此外，对于纵向内构件而言，除具有上述优点外，同时还可有效调控颗粒停留时间分布（Mallon et al.，1984），提高颗粒混合效率（Hu et al.，2010，Lim et al.，2004，Mallon et al.，1984），辅以调节进料速率、流化气速等其他手段可实现对颗粒停留时间的定量调控，实现气固完全反应时间与停留时间的准确匹配。

7.4.1　模拟对象及参数设置

本部分对纵向内构件对流化床中颗粒停留时间进行了计算模拟（Zou et al.，2017b）。采用了文献（Pongsivapai，1994）中提供的实验条件和数据，流化介质为平均粒径 379 μm 玻璃珠和室温常压干燥空气，不同流化条件参数见表 7.4，床层计算结构网格如图 7.9 所示（根据实验条件选择对应进出料口位置）。

表 7.4　不同流化条件参数

序号	U_g/(m/s)	h_{out}/m	G_{in}/(kg/s)	MRT，τ/min	内构件
1	0.208	0.1	0.00233	8.85	无
2	0.162				
3	0.208	0.1	0.00233	8.85	
4	0.305				有
5	0.162				
6	0.208	0.2	0.00205	16.18	
7	0.305				

注：h_{out} 为出料口高度。

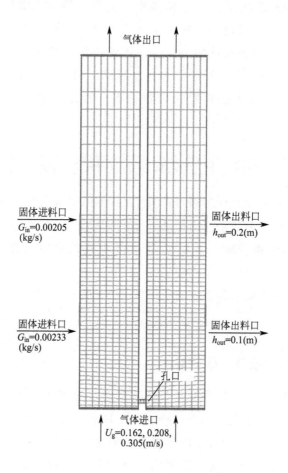

固体进料口
G_{in}=0.00205
(kg/s)

固体进料口
G_{in}=0.00233
(kg/s)

气体出口

固体出料口
h_{out}=0.2(m)

固体出料口
h_{out}=0.1(m)

孔口

气体进口
U_g=0.162, 0.208,
0.305(m/s)

图 7.9　床层计算结构网格示意图

7.4.2　挡板及流化参数影响

　　首先，分别对有、无挡板条件下流化床中颗粒的停留时间分布进行了模拟研究，从结果可以清楚看出计算与实验数据基本吻合，图 7.10(a) 显示无挡板自由流化床停留时间分布为典型的全混流分布；而后，当加入挡板后，如图 7.10(b)所示，停留时间分布曲线峰值对应时间值向 $t = \tau$ 接近且流动趋近于平推流（Guanglin et al.，1985，Kato et al.，1985）；最后，随着流化床层高度的增加[图 7.10(c)]，平均停留时间增加以及停留时间分布曲线拖尾延长，体现出更为典型的鼓泡床特征。

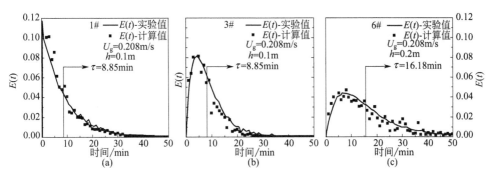

图 7.10　鼓泡自由（a）和多级挡板（b），（c）流化床停留时间模拟结果

图 7.11(a)～(c)和图 7.11(d)～(f)分别显示了在床层出口为 0.1 m 和 0.2 m 情况下流化气速对固相停留时间分布的影响。对于流化过程而言，流化气速直接影响着气固流动混合质量进而改变颗粒的实际停留时间。结合图 7.11 和表 7.5 可以发现，随着气速的上升，停留时间分布方差 $\sigma^2 = \int_0^\infty (t-\tau)^2 E(t) \mathrm{d}(t)$ 也将增加，对应串联全混流反应器数 $N = \dfrac{1}{\sigma^2}$ 减小，这主要是由于颗粒流化混合程度增加，同时颗粒停留时间分布更为均匀。此外，出料口高度增加同样会使停留时间分布方差上升，意味着颗粒在床内流动距离越长其混合程度越高。

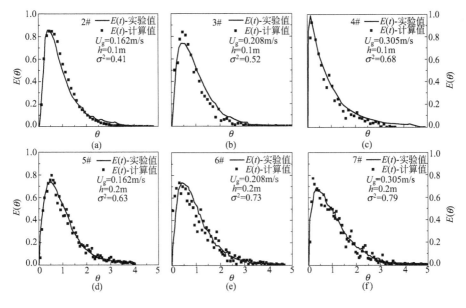

图 7.11　流化气速对颗粒停留时间分布的影响

表 7.5　不同实验条件下的停留时间分布方差

序号	$U_g/(m/s)$	h_{out}/m	σ^2	N
1	0.208	0.1	0.88	1.1
2	0.162		0.41	2.4
3	0.208	0.1	0.52	1.9
4	0.305		0.68	1.5
5	0.162		0.63	1.6
6	0.208	0.2	0.73	1.4
7	0.305		0.79	1.3

7.5　鼓泡流化床颗粒停留时间分布的逐级放大模拟

气固流态化颗粒停留时间的模拟以指导工业放大应用为目标。由于流化床反应器的行为与其尺寸和结构关系密切，同时反应器内涉及多相流动的复杂性，完全依靠简单的经验、半经验公式进行放大设计往往缺乏科学依据。本部分基于前面章节所建立的基于结构的气固流动模型，着重分析了气固流化行为在从小床到中床再到大床逐级放大过程中的模拟误差原因，研究认为气泡直径是颗粒停留时间放大计算的关键参数。需要说明的是，为了更为清晰地反映颗粒停留时间的放大效应，本节的模拟对象为单一粒径颗粒。

7.5.1　模拟对象及参数设置

赵云龙（Zhao Y et al.，2020.）分别对等比例逐级放大的小床、中床和大床三个鼓泡床（Zhang et al.，2015）中的颗粒停留时间分布进行了放大模拟研究。其中小床尺寸为 $0.04m \times 0.45m \times 0.1m$，中床和大床的长宽高尺寸分别为小床的 2 倍和 4 倍。由于三种床型的长宽比（≈11）较大，因此可将其作为二维流化床进行模拟计算（Cloete et al.，2013，Zhang et al.，2012）。

鼓泡床示意图如图 7.12 所示。床内预先填充一定量的固相颗粒，底部气体入口均匀分布。颗粒从固体入口进入床层，在出口处监测固体质量流率，气体出口处压力为大气压力。在床层壁面上，气相设置为非滑移边界条件，固相采用部分滑移边界条件（Johnson et al.，2006）来描述壁面附近的固体流动行为，镜面反射系数设置为 0.6。表 7.6 列出了气体和颗粒的物性参数及其他模拟操作条件。

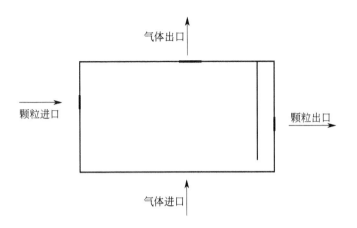

图 7.12　鼓泡床模拟二维示意图

表 7.6　模拟参数设置

参数	小床	中床	大床
气体密度/(kg/m³)		1.225	
气体黏度/[kg/(m・s)]		1.789×10^{-5}	
颗粒密度/(kg/m³)		2600	
颗粒堆积密度/(kg/m³)		1500	
网格尺寸/mm		2.5,5,10	
初始固含率(—)		0.58	
计算步长/s		5×10^{-4}	
颗粒碰撞恢复系数(—)		0.9	
镜面系数(—)		0.6	
颗粒直径(d_p)/μm	138	167	197
床层尺寸(宽×高)/m	0.45×0.25	0.9×0.5	1.8×1.0
初始床高/m	0.08	0.16	0.36
最小流化速度/(m/s)	0.016	0.024	0.033
表观气速/(m/s)	0.128	0.192	0.264
出口高度/m	0.1	0.2	0.4
固相进料速率/(kg/s)	0.15	0.59	2.35

7.5.2 网格无关性检验

在进行固相 RTD 模拟计算前，为确认 CFD 结果与网格大小的无关性，本部分以中床为例，分别采用了 3 种网格尺寸，即 2.5mm、5mm 和 10mm，进行网格独立性分析验证。图 7.13 显示了基于结构曳力模型在三种网格尺寸下的时均轴向固相浓度分布。从图中可以看出，三种网格尺寸下的计算结果基本接近，兼顾考虑模拟结果准确性与计算效率，在随后对三种尺寸床型的模拟中选择 5mm 网格尺寸。

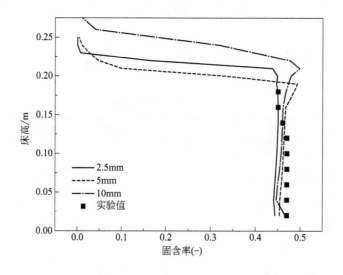

图 7.13　三种网格尺寸计算得到的时均轴向固相浓度分布图

7.5.3 曳力模型对气固流动行为的影响

正确的气固流动行为预测是颗粒 RTD 计算的先决条件。本部分采用结构曳力模型（Drags S）和传统 Gidaspow 曳力模型（Drag G）分别对中床内的气固流动行为进行了模拟分析。图 7.14 显示 Gidaspow 曳力模型、结构曳力模型计算的中床内轴向固含率与实验数据的比较。结果表明，基于结构曳力模型的计算结果与实验值吻合度较好，而 Gidaspow 模型计算的轴向固相浓度明显小于实验数据。这主要是由于 Gidaspow 模型没有考虑床内非均匀结构的影响，以致高估了气固相间曳力（Lv et al.，2014），而较高的曳力作用增大了气固间的滑移速度，使得床层膨胀率增大，过多的颗粒从出料口溢流排出，导致床层中的固含率偏小。

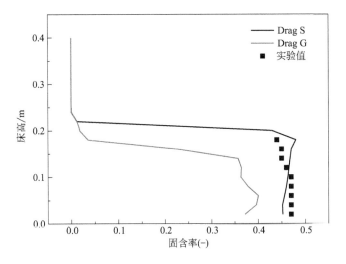

图 7.14　中床轴向固相浓度计算与实验数据对比图

图 7.15 显示了不同曳力模型计算的 $t=40\ \text{s}$ 时中床固相浓度的分布云图。可以观察得到，对于 Gidaspow 曳力模型（a），整个床层的固相浓度偏小，流动结构较为均匀，床层表面由于气泡破碎而波动幅度较大；而对于结构曳力模型（b），气泡较小床内固相浓度偏高，气固两相系统呈现出明显的非均匀流化结构。

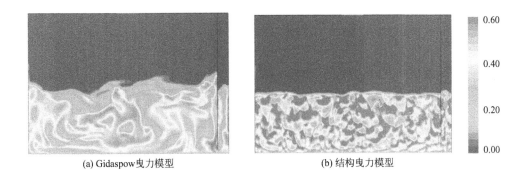

(a) Gidaspow曳力模型　　　　　　　　　(b) 结构曳力模型

图 7.15　基于不同曳力模型对中床固相浓度分布的计算云图（$t=40\text{s}$）

7.5.4　气泡模型对气固流动行为的影响

众所周知，气泡直径在许多流态化反应模型中均为一个重要的结构参数。对于本书所建立的气固相间结构曳力模型，气泡尺寸作为床层非均匀结构的重要表观参数，该值大小对于相间动量传递的准确计算起到重要作用。许多研究者（Choi et al.，1988a，Choi et al.，1998b，Geldart，1970）已对不同操作条件下流化床中的气泡尺寸进行了分析建模，Karimipour 和 Pugsley（2011）对公开文献中的不同气泡方程进行了类比汇总。结合本节模拟床层的操作条件，从中选取了三个适用的典型气泡尺寸关联式（见表 7.7），并分别与结构曳力模型相耦合对小床、中床和大床三个鼓泡床中的气固流动行为进行了模拟研究。从图 7.16 计算结果可以看出，三种气泡尺寸关联式所得的固含率计算结果与实验值基本吻合，但对于大床而言偏差稍大。

表 7.7 气泡尺寸关联式

作者	关联式
Darton et al. (1977)	$d_b = 0.54 g^{-0.2} (U_0 - U_{mf})^{0.4} (h + 4A_0^{0.5})^{0.8}$
Werther (1978)	$d_b = 0.853 [1 + 0.272(U_0 - U_{mf})]^{1/3} (1 + 0.0684h)^{1.21}$
Mori and Wen (1975)	$\dfrac{d_{bm} - d_b}{d_{bm} - d_0} = e^{-0.3h/D}$ $d_{bm} = 0.649 [A_t (U_0 - U_{mf})]^{0.4}$ $d_0 = 0.347 [A_t (U_0 - U_{mf})]^{0.4}$

注：h 为气泡高度，m；A_0 为分布板单个开孔面积，m^2；D 为床层直径，m；A_t 为床层截面积，m^2。

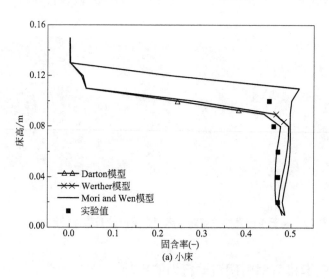

(a) 小床

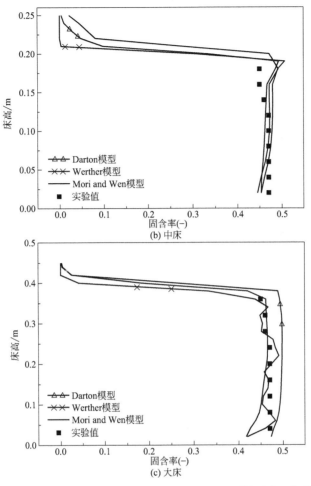

图 7.16　基于不同气泡尺寸关联式所得小床、中床和大床时均轴向固相浓度计算分布

7.5.5　气泡方程对固相 RTD 计算的影响

在对不同尺寸床层固含率合理计算的基础上，本小节主要研究气泡尺寸关联式对颗粒 RTD 模拟的影响。图 7.17 显示了基于结构曳力模型计算得到的不同尺寸床层 RTD 与实验数据的比较，与固含率计算偏差结果相类似，对于小床和中床，RTD 计算结果与实验值吻合度较好，但对于大床而言，模拟结果显示出较大的差异。造成这种现象的一个原因是床层尺寸增加引起气泡方程对气泡尺寸的预测误差偏大，进而引起气泡速度及气固相间滑移速度的计算偏差，导致床层颗粒停留时间的模拟准确度下降；另外，二维模拟忽略床层前后壁对固相的摩擦力（Cloete et al.，2013），这导致颗粒速度预测值偏高，RTD 曲线峰值位置较实验左移，这两个因素的结合使得大床

的模拟结果偏差较大。从细节上看，对于小床和中床，Darton 气泡方程的模拟结果与实验值吻合度最好，并且 RTD 计算曲线随时间变化体现出较好的连续性。

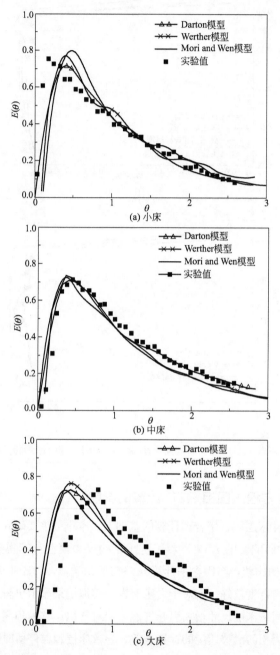

图 7.17　基于不同气泡尺寸关联式所得小床、中床和大床的 RTD 计算与实验数据比较

7.6　本章小结

（1）针对宽筛分颗粒的复杂流化状态，研究建立了多粒径颗粒鼓泡流态化的局部结构参数及结构-曳力关系模型，进而与多相流模型相耦合，实现对宽粒径颗粒流化状态及停留时间的正确计算。

（2）对于多层横向挡板流化床，整个流化床的曳力模型为多个自由床曳力模型的串联组合，并进一步将上述模型拓展到多粒级颗粒流化系统，实现对横向挡板流化床气固流动行为与挡板结构对粗、细颗粒浓度分布的分析与预测。

（3）针对纵向挡板流化床，采用 CFD 方法实现对进料速率、流化气速等手段对颗粒停留时间定量调节的准确计算，为气固完全反应时间与停留时间的准确匹配奠定基础。

（4）在流化床的模拟放大过程中，基于结构曳力模型计算所得 RTD 比实验值有所降低，主要由于床层尺寸增大导致气泡关联式预测误差偏大，进而影响气固相间作用力及床层持料量的正确计算，此外，二维模拟未考虑床层前后壁面摩擦力对颗粒速度的作用也进一步影响了 RTD 的正确计算。

参 考 文 献

Abrahamsen A R，Geldart D，1980a. Behaviour of gas-fluidized beds of fine powders. part I. Homogeneous expansion. Powder Technology，26：35-46.

Abrahamsen A R，Geldart D，1980b. Behaviour of gas-fluidized beds of fine powders. part II. Voidage of the dense phase in bubbling beds. Powder Technology，26：47-55.

Ahmad N，Tian Y，Lu B，et al，2019. Extending the EMMS/bubbling model to fluidization of binary particle mixture：formulation and steady-state validation. Chinese Journal of Chemical Engineering，27：54-62.

Anantharaman A，Cocco R A，Chew J W，2018. Evaluation of correlations for minimum fluidization velocity (U_{mf}) in gas-solid fluidization. Powder Technology，323：454-485.

Choi J H，Son J E，Kim S D，1998a. Generalized model for bubble size and frequency in gas-fluidized beds. Industrial & Engineering Chemistry Research，37：2559-2564.

Choi J H，Son J E，Kim S D，1988b. Bubble size and frequency in gas fluidized beds. Journal of Chemical Engineering of Japan，21：171-178.

Cloete S，Zaabout A，Johansen S T，et al，2013. The generality of the standard 2D TFM approach in predicting bubbling fluidized bed hydrodynamics. Powder Technology，235：735-746.

Cooper S，Coronella C，2005. CFD simulations of particle mixing in a binary fluidized bed. Powder Technology，151：27-36.

Darton R C, 1977. Bubble growth due to coalescence in fluidized beds. Transactions of the Institution of Chemical Engineers, 55: 274-280.

Davidson J F, Harrison D, Jackson R, 1964. Fluidized particles. Cambridge: Cambridge University Press.

Ergun S, Orning A A, 1949. Fluid flow through randomly packed columns and fluidized beds. Industrial & Engineering Chemistry, 41: 1179-1184.

Geldart D, 1970. The size and frequency of bubbles in two- and three-dimensional gas-fluidised beds. Powder Technology, 4: 41-55.

Guanglin S, Lin N, Xiaoyu C, et al, 1985. Flow and performance study in a gas-lift multistage fluidized bed. Fluidization'85 Science and Technology, Beijing, China.

Hu J, Dong L, Wang Y, et al, 2010. Fluid dynamics in laboratory U-shaped fluidized bed. CIESC Journal, 61: 3100-3106.

Ishii M, Zuber N, 1979. Drag coefficient and relative velocity in bubbly, droplet or particulate flows. AIChE Journal, 25: 843-855.

Johnson P C, Jackson R, 2006. Frictional-collisional constitutive relations for granular materials, with application to plane shearing. Journal of Fluid Mechanics, 176: 67-93.

Karimipour S, Pugsley T, 2011. A critical evaluation of literature correlations for predicting bubble size and velocity in gas-solid fluidized beds. Powder Technology, 205: 1-14.

Kato Y, Morooka S, Nishiwaki A, 1985. Behavior of dispersed- and continuous-phase in multi-stage fluidized beds for gas-liquid-solid and gas-liquid-liquid systems. Fluidization'85 Science and Technology, Beijing, China.

Kunii D, Levenspiel O, 1991. Chapter 3 - Fluidization and Mapping of Regimes//KUNII D, LEVENSPIE L. Fluidization Engineering. Second Edition. Boston: Butterworth-Heinemann.

Lim L C, Tasirin S M, Ramli W, et al, 2004. The effect of vertical internal baffles on fluidization hydrodynamics and grain drying characteristics. Chinese Journal of Chemical Engineering, 12: 801-808.

Liu W, Yang S, Li H, et al, 2016. A transfer coefficient-based structure parameters method for CFD simulation of bubbling fluidized beds. Powder Technology, 295: 122-132.

Lv X, Li H, Zhu Q, 2014. Simulation of gas-solid flow in 2D/3D bubbling fluidized beds by combining the two-fluid model with structure-based drag model. Chemical Engineering Journal, 236: 149-157.

Mallon R G, 1984. Staged fluidized bed. US4481080. 1984-11-06.

Mori S, Wen C Y, 1975. Estimation of bubble diameter in gaseous fluidized beds. Aiche Journal, 21: 109-115.

Pongsivapai P, 1994. Residence time distribution of solids in a multi-compartment fluidized bed system, Chemical Engineering. Oregon State University, USA.

Thomas D G, 1965. Transport characteristics of suspension: VIII. A note on the viscosity of Newtonian suspensions of uniform spherical particles. Journal of Colloid Science, 20: 267-277.

Wang Y, Zou Z, Li H, et al, 2014. A new drag model for TFM simulation of gas-solid bubbling fluidized beds with Geldart-B particles. Particuology, 15: 151-159.

Werther J, 1978. Effect of gas distributor on the hydrodynamics of gas fluidized beds. German Chemical Engineering, 1: 166-174.

Yagi S, Kunii D, 1961. Fluidized-solids reactors with continuous solids feed—I: Residence time of particles in fluidized beds. Chemical Engineering Science, 16: 364-371.

Yang S, Li H, Zhu Q, 2015. Experimental study and numerical simulation of baffled bubbling fluidized beds with Geldart A particles in three dimensions. Chemical Engineering Journal, 259: 338-347.

Zhang J, Gao W, Zhao Z, et al, 2012. Adaptability verification of scaling law to solid mixing and segregation behavior in bubbling fluidized bed. Powder Technology, 228: 206-209.

Zhang J, Xu G, 2015. Scale-up of bubbling fluidized beds with continuous particle flow based on particle-residence-time distribution. Particuology, 19: 155-163.

Zhao Y, Zou Z, Wang J, et al, 2020. CFD simulation of solids residence time distribution for scaling up gas-solid bubbling fluidized bed reactors based on the modified structure - based drag model. The Canadian Journal of Chemical Engineering. doi: 10.1002/cjce.23882.

Zhang Y, Wang H, Chen L, et al, 2012. Systematic investigation of particle segregation in binary fluidized beds with and without multilayer horizontal baffles. Industrial & Engineering Chemistry Research, 51: 5022-5036.

Zou Z, Zhao Y, Zhao H, et al, 2017a. Hydrodynamic and solids residence time distribution in a binary bubbling fluidized bed: 3D computational study coupled with the structure-based drag model. Chemical Engineering Journal, 321: 184-194.

Zou Z, Zhao Y, Zhao H, et al, 2017b. CFD simulation of solids residence time distribution in a multi-compartment fluidized bed. Chinese Journal of Chemical Engineering, 25: 1706-1713.

李洪钟, 朱庆山, 谢朝晖, 等, 2020. 流化床结构传递理论与工业应用. 北京: 科学出版社.

张锁江, 2014. 绿色介质与过程节能. 北京: 科学出版社.

张立博, 2018. 流化床中宽筛分颗粒停留时间调控研究 [D]. 北京: 中国科学院大学.

第 8 章

停留时间调控工业应用

8.1　引言

固相转化是流化床非常重要的应用领域，并且已在煤燃烧、氢氧化铝煅烧、硫铁矿煅烧、氯化钛白等领域广泛应用。一般来说，快反应对固相停留时间控制要求较低，通常不用太考虑。而对于慢反应，停留时间控制对提高转化过程效率至关重要，传统的流化床停留时间调控主要关注如何减少返混。

过去近 20 年作者一直从事流化床固相转化相关基础研究和工程示范研发，先后进行了多钒酸铵还原、钛精矿氧化-还原焙烧、难选铁矿磁化焙烧、低品位锰矿还原、钒钛磁铁矿直接还原、氢氧化铝煅烧制备 α-氧化铝等中试和产业化示范工作，随着这些中试和示范工程的建立和运行，作者对流化床中颗粒停留时间控制从开始关注固相返混，到逐渐关注宽筛分粉体粗、细颗粒停留时间调控，认识不断加深。前几章也正是作者过去十几年在工程示范中遇到停留时间控制问题后，在实验室进行基础研究的成果，本章将介绍作者关于流化床颗粒停留时间控制的中试和产业化应用的情况，需要说明的是，后续介绍将以作者开始中试或产业化尝试的时间先后为顺序，有些中试应当采取停留时间控制措施，但鉴于当时认识水平不到位而未采取调控措施，将不在这里做介绍。

8.2　多钒酸铵还原生产三氧化二钒应用

五氧化二钒/三氧化二钒是重要的工业原料，在化工、冶金等领域应用十分广泛，预计在储能领域也有很好的应用前景。五氧化二钒可从钒钛磁铁矿或石煤中提取，目前主要是从钒钛磁铁矿中提取，由于钒在这些矿物中含量较低，单独提取不是很经济，且废弃物排放量很大。现有从钒钛磁铁矿提取五氧化二钒的主要流程为：钒钛磁铁矿经高炉冶炼，钒被还原到铁水中，铁水在转炉中氧化提钒，将铁水中的钒氧化为钒渣，钒渣与碳酸钠等混合焙烧形成水溶性的钒酸钠，焙烧渣浸出后得到钒酸钠溶液，再通过添加硫酸铵得到多钒酸铵（APV）沉淀，APV 煅烧得到粉状五氧化二钒，或者煅烧-熔化得到片状五氧化二钒。

钒最主要的用途是作为钢铁添加剂，钢中添加微量钒可通过微合金化大幅提高钢的强度，往钢水中添加钒需要采用氮化钒（孙朝晖 等，2001），而生产氮化钒则需要用三氧化二钒。为此需要将沉淀得到的多钒酸铵（APV）先分解为五氧化二钒，再进一步还原为三氧化二钒。国内外主要采用回转窑还原五氧化二钒制备三氧化二钒，从早期的美国到后来的德国，再到中国都是采用此技术。回转窑因需要在不断的转动中实现连续加排料，因此难以做到完全密封，氧化钒粉体会有一定的外泄（汪超 等，2018）。由于氧化钒具有一定的毒性，若能在生产过程避免泄漏，将可大幅改善现场生产环境。为此在 2006 年前后与攀钢研究院的科研人员交流后，双方决定共同开发 APV 流态化还原制备三氧化二钒技术。先在作者为攀钢研究院研究建立的流化床还原实验室扩大实验装置（流化床直径100mm）进行还原试验，攀钢研究院科研人员经过多轮实验室连续扩大试验后，发现流化床还原效率很高。基于实验室扩大实验结果，攀钢研究院决定开展千吨级多钒酸铵还原制备 V_2O_3 中试研究。

8.2.1 反应原理及实验室扩大试验

APV 还原制备三氧化二钒是通过煤气在流态化反应器内对 APV 进行还原，由于 APV 组成复杂，包含 $(NH_4)_2V_6O_{16}$、$(NH_4)_6V_{10}O_{28}$ 和 $(NH_4)_2V_{12}O_{31}$ 等不同的化合物，实际反应过程比较复杂，H_2 和 CO 直接还原 APV 可用方程式(8.1)～式(8.6)表示（张帆 等，2012）。除了直接还原外，实际反应过程还包括 APV 分解为 V_2O_5，V_2O_5 再被还原为 V_2O_3 这类间接还原，其中还会经历 V_2O_4，间接还原过程可用方程式(8.7)～式(8.11)表示。

$$(NH_4)_2V_6O_{16}+6CO = 3V_2O_3+6CO_2+2NH_3+H_2O \tag{8.1}$$

$$(NH_4)_6V_{10}O_{28}+10CO = 5V_2O_3+10CO_2+6NH_3+3H_2O \tag{8.2}$$

$$(NH_4)_2V_{12}O_{31}+12CO = 6V_2O_3+12CO_2+2NH_3+H_2O \tag{8.3}$$

$$(NH_4)_2V_6O_{16}+6H_2 = 3V_2O_3+7H_2O+2NH_3 \tag{8.4}$$

$$(NH_4)_6V_{10}O_{28}+10H_2 = 5V_2O_3+13H_2O+6NH_3 \tag{8.5}$$

$$(NH_4)_2V_{12}O_{31}+12H_2 = 6V_2O_3+13H_2O+2NH_3 \tag{8.6}$$

$$(NH_4)_2V_6O_{16} = 3V_2O_5+H_2O+2NH_3 \tag{8.7}$$

$$(NH_4)_6V_{10}O_{28} = 5V_2O_5+3H_2O+6NH_3 \tag{8.8}$$

$$(NH_4)_2V_{12}O_{31} = 6V_2O_5+H_2O+2NH_3 \tag{8.9}$$

$$V_2O_5+H_2/CO = V_2O_4+H_2O/CO_2 \tag{8.10}$$

$$V_2O_4+H_2/CO = V_2O_3+H_2O/CO_2 \tag{8.11}$$

为了探明 APV 流态化还原条件，在 ϕ100mm 的流化床还原实验室扩大实验装置进行了研究，图 8.1 显示了温度和时间对 APV 还原过程的影响，还原产品主要以全钒含量（TV）来表征，因为 V_2O_5、V_2O_4、V_2O_3 的理论 TV 含量分别为 56.0%、61.4% 和 68.0%。随着温度的升高，产品中的 TV 含量呈上升趋势。当还原温度升高至大于 750℃、保温时间为 10～20min 范围内时，V_2O_3 中的 TV 含量达到 67%左右，此时，将温度继续升高，但三氧化二钒中的 TV 含量并未再提高，说明 APV 已经全部被还原为 V_2O_3 了，由于 APV 分解得到的 V_2O_5 的纯度也仅为 98.5%左右，因此 APV 还原得到 V_2O_3 产品的 TV 也仅 67%。另外，攀钢企业标准要求产品 TV≥63%，从图 8.1 可见，在 650℃下还原 10min，产品就可满足要求，这充分显示流态化还原的高效率。

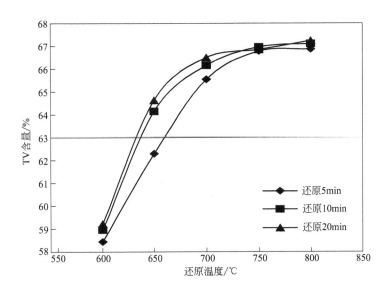

图 8.1　APV 还原实验室扩大试验结果

8.2.2　反应器设计及工艺流程

APV 还原反应需要在高温下进行，才能获得足够的反应速度，由于 APV 总体还原过程是强吸热反应，每摩尔 V_2O_3 需供热 300 kJ，见图 8.2（由于没有找到多钒酸铵的焓值数据，计算采用了 NH_4VO_3 焓值数据），再加上 APV 粉体预热及系统散热，整个还原过程供热量比较大。因此，在反应器设计阶段，主要考虑两方面因素，一是如何供热，为反应供热无非是直接供热和间接供热，直接供热可采用高温烟气直接与 APV 接触或者在反应器中直接燃烧介质实现，但由于 APV 分解过程会产生 NH_3，而 NH_3 会部分分解生成 H_2 和 N_2，因分解气与烟气混合气体可能会在 H_2 的爆炸极限内，这类体系直接与烟气接触较为危险。另外，烟气换热或直接燃烧也可能会带入杂质，污染 V_2O_3 产品，所以在反应器设计阶段，直接换热首先被排除，考虑选择间接方式供热，即通过在流化床反应器内设置换热管，通过管程高温烟气给 APV 还原反应供热。

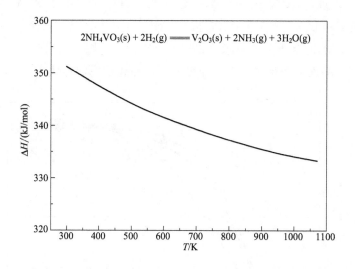

$$2NH_4VO_3(s) + 2H_2(g) \Longrightarrow V_2O_3(s) + 2NH_3(g) + 3H_2O(g)$$

图 8.2　钒酸铵 H₂ 还原制备 V₂O₃ 反应焓值随温度变化

　　另一个因素就是颗粒停留时间分布，由于要求 APV 近乎 100％ 转化为 V₂O₃，所以在反应器设计初期考虑要降低流化床内颗粒的返混，采取的主要方式为设置多孔内构件。对于这类强吸热、带水平多孔内构件流化床的设计，可资借鉴的资料较少，只能根据上述工艺条件自行设计。为了找到适用于上述过程的设计方案，除了作者外，还专门聘请了当时已退休的中科院过程工程研究所王永安研究员参与，并且在王永安研究员的主导下，设计了如图 8.3 所示的 APV 流化床还原反应器，该反应器采用 5 层多孔挡板调节 APV 颗粒的停留时间分布，多孔板孔径 10mm，开孔率为 8.0％，孔间距为 26mm。为了供热，流化床反应器中设置了 24 根 φ64mm 的换热管，由于换热管的存在，占据了一些多孔板小孔，所以开孔率低于 10％。流化床反应采用下进料、上出料方式运行，APV 物料从分布板上方进料口加入流化床，从最上层水平挡板上方出料口溢流排出流化床。为了简化流化床及整体工艺流程，将供热燃烧室与流化床一体设计，供热燃烧室位于流化床下方，燃烧产生的烟气从燃烧室上方进入流化床换热管管程，并在上部聚集后排出流化床。燃烧室、风箱、分布板及流化床流化段通过法兰连接，采用石墨盘根密封。

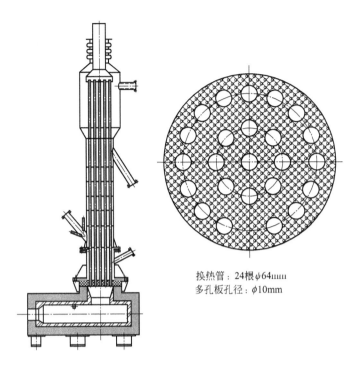

换热管：24根φ64mm
多孔板孔径：φ10mm

图 8.3 APV 还原流化床反应器结构示意图

由于 APV 分解最初产物含有较大量的 V_2O_5，其熔点仅为 670℃，流程设计之初考虑到如果 APV 分解部分产生 V_2O_5，在反应器温度接近 670℃时会导致颗粒黏结失流。尽管通过查阅文献，发现一般认为 APV 分解，产物主要以 V_2O_4 为主（APV 分解产物 NH_3 会分解产生 N_2 和 H_2，H_2 会将 V_2O_5 还原为 V_2O_4），但为了保险起见，还是提出设置预还原炉，设想预还原炉主要在 V_2O_5 熔点以下完成分解及部分还原，得到 V_2O_4 中间产物，预还原温度控制在 600℃ 以下。当时考虑这样做的好处有以下几点：一是通过预还原将 APV 转化为 V_2O_4，由于 V_2O_4 熔点超过 1400℃，可避免单一分解/还原反应器时部分分解产生 V_2O_5 的黏结问题；二是可以降低每个反应器的供热负荷；三是两个还原反应器可进一步调整颗粒的停留时间分布，降低颗粒返混。

基于此考虑，设置了两个还原流化床，即预还原炉和还原炉，两炉结构相同，都采用图 8.3 所示的反应器结构。预还原在 500～600℃ 操作，还原炉在 800～850℃ 操作，以提高还原速率。由于 V_2O_3 在高温下很容易氧化，因此，专门设置了流化床冷却器，通过内设水冷盘管冷却物料，冷却流化床采用氮气流化，APV 还原工艺流程如图 8.4 所示。APV 物料由上部料仓经螺旋输送器输送进入预还原进料阀，通过料阀隔绝气氛后进入预还原流化床底部，从预还原流化床上部排料口排出，经还原流化床进料阀，进入还原流化床底部，从还原流化床上部排料口排出，经冷却流化床进料阀进入冷却流化床，物料经冷却后进入产品料仓，上述料阀为 U 阀。还原煤气分别从预还原流化床和还原流化床底部风室进入后被预热，经分布板进入流化床，与物料充分接触并发生还原反应后，从顶部排出，经除尘后进入后续尾气处理系统。另外，加热煤气经计量后分别进入预还原流化床和还原流化床底部的燃烧室，与空气充分燃烧后，进入换热管的管程，经流化段换热后，从顶部排出。

在设计过程中，攀钢研究院提出因粗粉和细粉有不同的用途，希望将 V_2O_3 产品粗粉和细粉分开，为此，在设计流态化冷却器时，将从流化床溢流的"粗粉"和从床层顶部带出的"细粉"分别收集，形成粗粉和细粉产品。

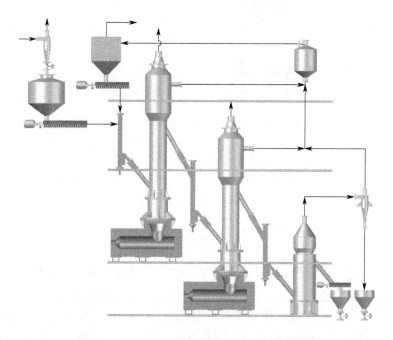

图 8.4　APV 流态化还原制备 V_2O_3 工艺流程

8.2.3　运行结果

中科院过程工程研究所与攀钢研究院共同研发，建立了千吨级 APV 还原制备 V_2O_3 中试生产线，并成功地完成了冷热态调试。调试和运行结果表明，预还原炉可以达到设计温度，使 APV 在较低温度下进行预还原，但还原炉温度最高只能达到 680℃ 左右，虽然未达到设计值 750℃，但还原得到产品（粗细混合产品）的 TV 含量为 64.24%～66.71%，C 含量＜0.05%，S 含量在 0.010% 和 0.101% 之间（平均＜0.030%），完全达到攀钢研究院对 V_2O_3 产品的内控标准要求，即 TV≥63%，C≤0.1%，S≤0.05% 指标。因此，后续未再考虑提高还原炉温度措施。根据设备的实际情况，确定整套流态化系统的主要参数为：预还原炉温度为 570～620℃、还原炉温度为 650～680℃、还原用煤气压力为 60kPa、预还原炉还原煤气流量（标态）为 13～16.5m³/h、还原炉煤气流量（标态）为 20～26m³/h、气流分级器温度≤50℃、尾气温度 100～150℃。

根据热态调试及稳定运行情况，对流化床及相关设施系统进一步进行了分析，以 2009 年 9 月 11 日 10 时至 2009 年 9 月 20 日 12 时运行为例，此次中试共计运行 9d，约计 217h，扣除期间由于布袋温度超温（＞220℃）、停电、原料不能供应等原因造成的停止投料时间约 69h，实际投料时间为 148h。试验得到三氧化二钒产品 25.50t，其中，较细的三氧化二钒产品（从布袋得到的收尘产品）为 4.38t，占总产量的 17.2%；较粗的三氧化二钒产品（从气流分级器得到的产品）为 21.12t，占总产量的 82.8%。

图 8.5 为细粉产品成分分析，较细的三氧化二钒产品平均 TV 含量为 62.71%，略低于攀钢内控指标，这主要是预还原流化床温度不高，细粉在预还原流化床中停留时间较短所致。较细产品的平均 C 含量为 0.071%，达到了产品内控标准要求的 C 含量≤0.1% 的目标，产品的平均 S 含量 0.167%，大于产品内控标准要求的 S 含量≤0.05%。图 8.6 为粗粉三氧化二钒产品取样分析成分，较粗的三氧化二钒产品 TV 平均含量为 66.32%，平均 C 含量为 0.024%，平均 S 含量为 0.039%，达到了产品内控标准要求的目标。

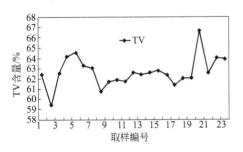 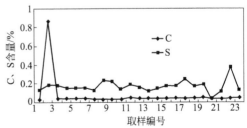

图 8.5　还原细产品全钒含量及碳、硫杂质含量

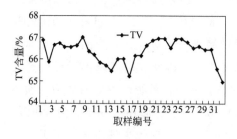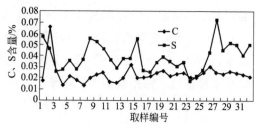

图 8.6　还原粗产品全钒含量及碳、硫杂质含量

攀钢原有 V_2O_3 生产采用回转窑还原技术，表 8.1 对比回转窑还原与流化床还原指标，从表 8.1 可见，流化床可在比回转窑低约 200℃ 下，得到全钒品位更高的 V_2O_3 产品，同时流化床还原煤气消耗比回转窑低约 8%，显示了流化床还原的高效率。

表 8.1　回转窑还原与流化床还原对比

工艺	还原温度 /℃	还原时间 /min	还原煤气量 /(m³/h)	加热煤气量 /(m³/h)	产品 TV 含量/%
流态化	650±50	20	100	105	64.40
回转窑	860	40	105	117	63.61

8.2.4　存在问题

中试运行结果表明，所建流化床还原中试线表现出了较高的还原效率，生产的 V_2O_3 产品品位高于攀钢内控标准，也高于回转窑还原产品。尽管如此，流化床还原产品堆密度低，影响后续氮化钒生产产能，进而影响该技术的应用。

V_2O_3 产品主要用于生产氮化钒，调试运行期间，将流化床还原产品送交攀钢钒厂氮化钒车间用于生产氮化钒时，该车间反映流化床还原产品堆密度低，原采用回转窑产品能装 1t 氮化钒反应物的反应罐，采用流化床还原产品后，只能装约 0.7t。为此，攀钢钒厂专门测试了两种工艺还原产品的堆密度，图 8.7 是测试结果，可见，对各粒度级产品，流化床还原产品堆密度仅为回转窑产品的 35%～40%；进一步对比了两种工艺产品的振实密度，如图 8.8 所示，同样，流化床还原产品的振实密度也远低于回转窑产品。

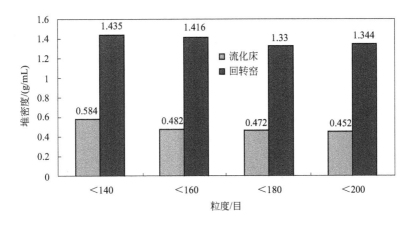

图 8.7 回转窑与流化床还原产品堆密度对比

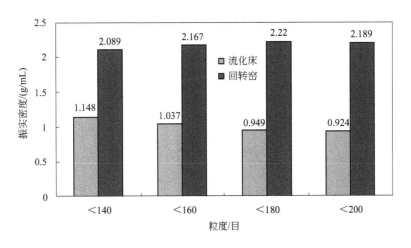

图 8.8 回转窑与流化床还原产品振实密度对比

进一步分析发现，流化床还原产品堆密度和振实密度低的原因是粒度细，图 8.9 是两种产品各粒级所占比例，可以看出，对回转窑还原产品，超过 57% 的颗粒粒度大于 140 目，而流化床还原产品只有约 11% 的产品大于 140 目，相反流化床产品约 65% 的颗粒粒度小于 200 目，回转窑产品小于 200 目的只有约 17%。流化床工艺产品颗粒粒度偏细可能有两方面原因，一是流化床内颗粒运动强于回转窑内，APV 颗粒分解后会产生多孔颗粒，这种多孔颗粒本身强度就不高，颗粒在流化床内相互频繁碰撞、摩擦，有可能使本来就很细的 APV 物料在还原过程中变得更为微小。另一个原因是流化床还原温度低，一般都低于 700℃，致使颗粒间烧结作用弱，颗粒无法通过烧结致密化，相反回转窑运行最高温度达到约

860℃，高温有利于颗粒烧结，增加致密度。为了进一步探明原因，对两种产品的微观形貌进行了观察，图 8.10 是两种产品的 SEM 照片，可见，两种产品的微观形貌有明显区别，流化床还原产品颗粒是由片状物交叉组合成具有大量孔洞的蜂窝颗粒，颗粒外表面还存在大量的树枝状结构，这必然导致其堆密度和振实密度较低。回转窑产品则是较为致密的颗粒，虽然也存在小颗粒，但小颗粒也较为致密，不存在流化床还原产品的多孔结构，这也是其密度较高的原因。

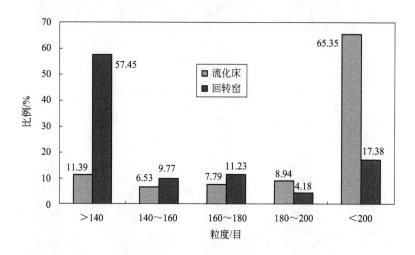

图 8.9　回转窑与流化床还原产品粒度对比

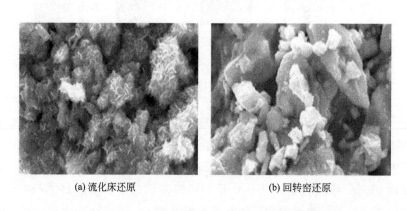

(a) 流化床还原　　　　　　　　　　(b) 回转窑还原

图 8.10　回转窑与流化床还原产品微观结构对比

　　产品堆密度低，影响后续氮化钒生产，是项目开发过程未曾预料到的事情，项目从小试到中试，关注的主要是产品的全钒含量、C 含量和 S 含量，从未关注产品的堆密度，堆密度也不是合同的考核指标，只是到了攀钢钒厂氮化钒车间反映每罐装载量低时，才意识产品堆密度是一个重要的参数，堆密度低主要影响后续氮化钒产量，因为原回转窑还原产品每罐可以装填约 $1tV_2O_3$ 和石墨等反应物，采用流化床还原产品时，只能装填约 $0.7t$，这样会大幅度降低氮化钒制备效率，流化床还原那一点节能远不能弥补氮化钒产能降低增加的能耗。尽管实验室研究表明，通过调整石墨和 V_2O_3 的破磨和压片工艺，也能使流化床生产 V_2O_3 产品装填量与回转窑产品相当，但这样就需要改变后续氮化钒产品生产工艺，企业担心这种改变会影响氮化钒产品的质量，企业因此也没有意愿进行这方面的尝试。

8.3　难选铁矿磁化焙烧应用

难选铁矿磁化焙烧是通过化学反应将弱磁性的铁氧化物转化为强磁性的 Fe_3O_4，即相当于人造了磁铁矿，由丁磁选效率高，技术成熟，变为人造磁铁矿后通常都可获得较好的分选效率。正如在本书第 1 章导论中所论述的，我国早在 1926 年就已有了竖炉磁化焙烧应用，竖炉磁化焙烧在我国也每年曾有超过 1000 万吨的生产，但因铁回收率低、成本高而被磁选-浮选联合流程所取代。流态化磁化焙烧从 20 世纪 60 年代就已开始研发（Kwauk，1979），但至今尚未实现大规模应用，除了技术本身原因外，成本高也是主要原因。2000 年以前，我国铁精矿价格较低，铁矿石供应也不紧张，通过磁化焙烧-磁选生产铁精矿竞争力弱，磁化焙烧技术除了特殊情况基本失去了生存空间，即使是国际矿价高企的今天，经济性也仍然是磁化焙烧技术面临的一个主要障碍，这是因为国际铁矿石供应高度垄断，铁矿石价格被几大矿商操控，如果磁化焙烧技术没有极强的经济竞争力，就很难在国际矿商的价格操控中生存，因此，大幅降低磁化焙烧成本是其大规模应用的关键。

降低磁化焙烧成本主要有两方面（朱庆山 等，2014；Hu et al.，2020），一是提高磁化焙烧过程 Fe_3O_4 的选择性，二是利用好系统的余热，尤其是高温焙烧矿显热的回收利用，其中第一个方面与粗、细颗粒停留时间调控直接相关。以赤铁矿为例，其磁化焙烧过程涉及的主要反应如下：

$$3Fe_2O_3 + H_2/CO =\!=\!= 2Fe_3O_4 + H_2O/CO_2 \tag{8.12}$$

$$Fe_3O_4 + H_2/CO =\!=\!= FeO + H_2O/CO_2 \tag{8.13}$$

$$FeO + H_2/CO =\!=\!= Fe + H_2O/CO_2 \tag{8.14}$$

磁化焙烧反应目标产物 Fe_3O_4 只是串联反应 $Fe_2O_3 \longrightarrow Fe_3O_4 \longrightarrow FeO \longrightarrow Fe$ 的中间产物，Fe_3O_4 的转化选择性决定了磁化焙烧效率，因为只有 Fe_3O_4 转

化的选择性提高了，磁选过程才可能获得高的铁回收率，而获得高回收率又是提高磁化焙烧过程经济性的最关键因素之一。

由于铁矿粉具有宽粒度分布特性，而不同粒度铁矿粉理论转化时间不一致，因此调控粗、细铁矿粉在流化床中的停留时间分布，对磁化焙烧过程 Fe_3O_4 的选择性提高至关重要。

8.3.1 流化床反应器设计及工艺流程

作者在 2006～2009 年间对国内多种铁矿石进行了磁化焙烧实验室焙烧实验（周建军 等，2009），发现在粒度相同的情况下，不同铁矿粉磁化焙烧时间大致相同，对于小于 74 μm（过 200 目泰勒筛）铁矿粉，在 500～550℃ 下 5～10min 内可完成磁化焙烧反应。2006 年下半年，云南曲靖越钢集团公司与作者接洽，洽谈建立年处理 10 万吨难选铁矿磁化焙烧中试线事宜，于 2006 年 10 月该公司与中科院过程工程研究所签订了共同建立 10 万吨/年难选铁矿流态化磁化焙烧中试线合作协议。

为了更好地开展该中试线的设计工作，聘请了当时已退休的王永安研究员和李佑楚研究员指导和参与整个中试线的设计工作。设计之初面临的第一个选择是采用何种流化床进行磁化焙烧，考虑到循环流化床操作气速较高，传质传热效果好，同时考虑到磁化焙烧反应时间不长（5～10min）、循环流化床在煤燃烧、氢氧化铝煅烧等领域应用较为成功，因此，决定采用循环流化床进行磁化焙烧，设计的循环床反应器如图 8.11，铁矿粉从循环床提升管中下部进入，经旋风分离器收集后，部分返回提升管，部分从循环料阀另一出口排出流化床。

10 万吨/年难选铁矿循环流化床磁化焙烧工艺流程图如图 8.12 所示，铁矿粉由下部料仓提升至上部料仓，从上部料仓经三级旋风预热器加热，进入循环流化床提升管，从提升管循环料阀排出后，经螺旋输送机输送进入焙烧矿冷却塔。需要说明的是，最初设计了一台流化床冷却器冷却焙烧矿，通过设置在冷却流化床中的水冷管将焙烧矿显热带走，但在实际运行过程中由于煤气中含 8%～10% 的水蒸气，导致在水冷管上结露，将矿粉黏结到水冷管外壁，使冷却流化床冷却能力急剧下降，经常要停炉清理水冷管表面的矿粉结皮，考虑到流化床冷却也未能回收焙烧矿的显热，后将流化床冷却器拆除，以水冷塔替代，将焙烧矿直接在隔绝空气的气氛下投入到冷水中，形成矿浆直接泵入后续磁选系统。

煤气不经预热直接从循环流化床底部风斗经分布板进入循环流化床提升管，在提升管与铁矿粉反应后，经两级旋风分离器收尘后，进入燃烧室，与空气一起燃烧回收焙烧尾气中未反应 CO 的潜热，燃烧室产生的高温烟气再在三级旋风预热器中逆流与冷矿粉换热，矿粉被预热的同时烟气被冷却，最后烟气经布袋除尘后排空（朱庆山 等，2007）。从上述流程简介可以看出，还原煤气的能量得到了较充分的利用，但高温焙烧矿显热未被利用。

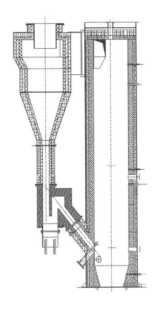

图 8.11　循环流化床磁化焙烧反应器示意图

8.3.2　运行结果及存在问题

10 万吨/年难选铁矿循环流化床磁化焙烧中试工程工艺流程图见第 1 章的图1.11，该示范工程在 2007 年底完成基本建设，在 2008 年 2～6 月间进行了调试和试运行。刚开始调试时，都是先预热整个系统，包括循环流化床和各级旋风预热器，以使整个系统尽快达到操作温度，在系统预热的情况下，一般流化床可在1h 左右达到设计温度低限 500℃，在此温度下磁化焙烧反应可较快的进行，由于磁化焙烧过程微放热，一旦流化床达到此温度，流化床温度就可以持续稳定运行在 500～550℃。经过一段时间的摸索后发现，可以不用先预热整个系统，直接从冷态启炉，流化床可在 3h 内达到 500℃，尽管这样会多排出 1 个多小时的未还原好的铁矿粉，但合作企业仍认为这样操作可省去烘炉等操作，更合算，调试及运行后期，系统都是直接从冷态未经系统预热直接启炉。

采用高炉煤气作为流化和还原介质，由于企业的大部分高炉煤气都用于余热发电，所以调试过程也经常因为没有高炉煤气而停顿，尽管如此，到 2008 年 5 月底基本完成了调试，交由企业运行，但运行了约 3 个月后，国际铁矿石价格因 2008 年金融危机而大跌，企业生产也大受影响，该中试工程于 2008 年 9 月停产。

通过几个月的调试与运行，也暴露出该中试系统的一些问题，主要包括：①预热系统时不时会"蹦料"，即大量的物料突然从上部料仓，经加料螺旋，一、二、三级预热器，料阀等瞬间进入流化床，导致流化床床压迅速剧增（通常超过 50%）、温度骤降，严重影响运行的稳定性。经过分析认为是由于上部料仓物料架拱坍塌造成的，为了解决此问题，在料仓壁增加了振打器，虽有所改善，但未能彻底解决。后将上部料仓下部出料螺旋由单层单个螺旋，改为双层螺旋，且上层改为双管螺旋，较好地解决了料仓"蹦料"问题。②流化床冷却器时常冷却效果不佳，研究发现主要是由于煤气中还有约 8%～10% 的水蒸气，导致其在冷却流化床中设置的水冷管表面"结露"，将焙烧铁矿粉黏结在水冷管表面形成"结皮"，从而增加热阻，降低传热系数。虽然通过提高冷却水进水温度，可在一定程度上缓解"结露"，延长水冷管表面"结皮"处理周期，但还难以从根本上解决"结皮"对冷却过程的影响。由于煤气中脱水不容易，经讨论决定拆除原设计的流化床冷却器，代之以冷却塔，采用冷却水直接喷淋冷却焙烧矿，较好地解决了焙烧冷却问题。③布袋收尘阻力大，达到 5～6kPa，因布袋压力传导，导致燃烧室压力达到 2～3kPa（设计值为 0kPa），影响为燃烧室供风的离心风机的风量输出。后通过三方面措施很好地解决了这个问题，一是在布袋收尘前增加了一级旋风收尘器，以减少进入布袋收尘器的细粉量；二是将布袋过滤面积增加了 50%；三是更换了抽力更大的引风机，引风机压头从原设计 2.0kPa 增加到 3.5kPa。④磁选铁回收率与理想值有差距，虽然运行期间，磁选铁回收率能够达到合同要求值 85%，但与作者心中的理想值尚有差距，在项目投产前，作者认为通过磁化焙烧，磁选铁回收率应该能够达到 90%。为此，作者对中试线焙烧矿进行了研究，发现焙烧矿通过磁选管磁选也难以达到 90% 的回收率，说明磁选回收率不高不是由于现场磁选系统问题，而是由于铁矿粉未完全还原好，进一步分析发现主要是大颗粒没有还原好，大颗粒内部尚有部分未被还原到 Fe_3O_4。分析后认为这主要是由于铁矿粉颗粒宽粒径分布造成，循环流化床的返混也可能有一定的贡献，由于循环流化床已建好，拆除重建新流化床工程量较大，所以想先从其他方面入手解决，也正是从那时开始，作者逐渐认识到宽筛分粉体粗细转化问题，逐渐认识到循环流化床不见得是固相加工最优的反应器。

为了解决上述还原问题，首选是希望通过磨矿过程优化，降低铁矿粉颗粒粒径分布。10 万吨中试线采用了企业水泥生产线拆下来的一台旧干式球磨机磨矿，经咨询昆明钢铁公司和昆明理工大学磨矿专家，认为通过优化球磨机球磨介质级配，可在一定的范围内调整铁矿粉粒径分布。在上述专家的指导下，与企业一起进行了球磨机球磨介质级配调整试验，前后历时近 3 个月，球磨介质进行了 4 次大的优化调整，表 8.2 是球磨介质优化调整过程得到的典型粒径分布，可见，调整球磨介质级配使最大粒级颗粒比例降低的同时，也使最小粒级几乎同比例地增加，调整球磨介质级配主要改变磨矿平均粒径，对调整粒径分布作用不大。这些试验也表明，通过球磨介质级配大幅收窄球磨矿粉粒度分布难以实现，所以，解决铁回收率不高问题还得从反应器入手，调节粗、细颗粒停留时间分布。

表 8.2　云南昆明东川包了铺铁矿磨矿粒度分布

批次	粒度/μm					
	>150	75~150	48~75	38~38	25~38	<25
1	39.2	16.8	6.0	5.6	5.6	26.8
2	33.4	16.8	6.8	6.0	6.0	31.0
3	18.4	18.0	8.0	8.8	6.8	40.0
4	4.4	20.0	10.0	9.2	9.6	46.8

8.3.3　鼓泡-快速复合流化床改造及运行结果

2008 年金融危机后，铁矿石价格大跌，中试线复产不具备条件，作者正好利用这段时间，开展宽筛分粉体停留时间调控研发工作。当时的一个主要思路是如何以已建循环流化床磁化焙烧反应器为基础，寻找解决方案。为此，提出了将循环料阀断开、在提升管中部增设出料口的方案，即鼓泡-快速复合流化床方案。有了方案构思后，就安排进行冷态模拟实验，测定粗、细颗粒停留时间分布，主要结果在本专著第 4 章已论述，结果表明，鼓泡-快速复合流化床方案的确可很好地调控宽筛分粉体各粒级颗粒平均停留时间。在此基础上，形成了对该中试线的改造方案，主要是将原循环流化床改造为复合流化床，改造方案示意图如图 8.12 所示。此改造相对比较容易，只需将原循环料阀断开封堵上，并在原提升管中部新开一个出料口，并增加一个料阀及出料螺旋，图 8.13 为新增加料阀和出料螺旋现场照片。

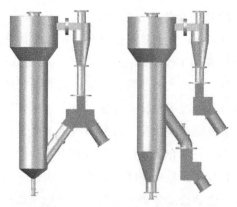

(a) 改造前原循环流化床   (b) 改造后复合流化床

图 8.12　中试线流化床改造方案示意图

图 8.13　中试线改造新增加料阀和出料螺旋

改造中试线运行结果表明，整个系统运行更加顺畅，不仅解决了原系统偶尔会出现的气流紊乱（床内物料会从循环料阀直接排出进入后续冷却系统），而且也明显提升了还原效果，大幅提高了磁选铁回收率。以云南东川昆明钢铁公司的包子铺褐铁矿为原料，原矿铁品位（TFe）在35%左右，表8.3是运行期间部分取样分析结果，可以看出，当流化床温度在440~460℃时，磁选铁回收率仅在86%左右，相应的尾矿铁品位（TFe）也比较高，有的甚至高达近14%，说明在这个温度区间，铁矿粉未充分还原。当流化床温度达到460~470℃时，铁回收率已超过 90%，相应的尾矿铁品位也降到 10% 左右。当流化床温度升高至超过 480℃ 时，磁选铁回收率普遍超过 93%，相应的尾矿铁品位降至 8% 以下。表 8.3 结果还表明，520～530℃ 下的运行结果与 480～490℃ 下运行结果没有明显的差别，说明 480℃ 可能是工业化生产过程磁化焙烧温度的低限，这也是已报道大规模生产最低的磁化焙烧温度。闪速磁化焙烧温度一般超过 800℃ （余永富等，2005），中科院过程工程研究所 1966 年在马鞍山建立 100t/d 流态化磁化焙烧中试系统实际运行温度在 541～595℃ （Kwauk，1979）。在工业规模磁化焙烧系统上探明焙烧温度下限具有很好的现实意义，由于焙烧矿显热回收困难，在不回收焙烧矿显热的情况下，降低磁化焙烧温度意味着降低焙烧能耗（朱庆山等，2014），这虽显而易见，但以往对于磁化焙烧温度可以降低到什么程度并不清楚，本研究的结果显示，可以将磁化焙烧温度降低至 480℃，因此该温度可以为后续流化床磁化焙烧技术更大规模产业化提供指导。

表 8.3　中试线运行部分取样结果

取样日期	温度/℃	压差/kPa	精矿 TFe/%	尾矿 TFe/%	铁回收率/%
2012.10.18	450～460	14～15	56.58	13.93	86.46
2012.10.27	440～450	14～15	57.21	13.50	86.71
2012.11.05	450～460	14～15	55.18	11.79	89.69
2012.11.06	480～490	14～15	56.41	6.88	94.30
2012.11.12	460～470	14～15	55.72	10.12	91.28
2012.11.13	490～500	14～15	56.49	5.969	95.13
2012.11.14	500～510	14～15	56.36	6.099	95.04
2012.12.06	520～530	14～15	57.40	7.295	93.67
2012.12.13	470～480	14～15	57.11	6.961	94.06

8.4　低品位锰矿还原应用

锰是一种重要的战略金属，广泛应用于钢铁、化工、电子及新能源等行业，锰能增强铁的硬度，却不会降低铁的延展性和韧性，是一种重要的合金添加剂，锰钢广泛用于制造钢磨、滚珠轴承、推土机与掘土机的铲斗、钢盔、坦克钢甲、穿甲弹的弹头等。MnO_2 早在 1868 年就被用作干电池的电极材料，当前锰酸锂系材料更是锂离子电池最重要的电极材料。锰主要来源于碳酸锰矿和二氧化锰矿，其中碳酸锰矿可以直接与硫酸反应获得硫酸锰，硫酸锰则是制备 MnO_2、电解锰的原料。二氧化锰矿主要用来冶炼锰铁合金，锰铁合金主要用于制造各种需要添加锰的合金。与锰铁合金相比，电解金属锰更适于制造各种锰合金，我国电解金属锰产能和产量均居世界第一，是我国重要的基础性行业。我国电解锰传统上以碳酸锰矿为原料生产，但我国高品位碳酸锰资源已日渐枯竭，电解锰行业碳酸锰平均品位已从 18％～20％ 逐渐下降到 13％～15％（谭柱中 等，2004；严旺生 等，2009），有的企业甚至使用 10％ 左右品位的碳酸锰在生产，并且碳酸锰品位还有进一步下降的趋势。

自然界中的锰矿资源以氧化锰矿为主，我国也有大量氧化锰矿资源，由于碳酸锰矿日益短缺，以氧化锰矿为原料生产电解金属锰对我国来说是未来的必然趋势。由于硫酸不能与氧化锰矿中的二氧化锰反应，需要先将氧化锰中的二氧化锰还原为一氧化锰才可用于制备电解金属锰，所以，氧化锰矿的还原就成为其应用于电解金属锰行业的关键。

传统的反射炉还原技术，因能耗高、产能小、污染严重，已被国家明令禁止使用。当前氧化锰矿还原的主流技术主要包括竖炉和回转窑还原技术（李同庆，2008；田宗平 等，2012；卢国贤 等，2014；谢朝晖 等，2018）。其中竖炉还原技术通常采用煤粉或煤气做还原剂，为了保证粉体在竖炉中顺利下行，氧化锰矿粉必须具有一定的粒度，一般至少 8～10mm，低于此粒度还原气体难以顺利通过竖炉床层，粗颗粒导致传递阻力大，反应效率低。也可以将氧化锰矿粉与煤粉混合，在管内以移动床方式下行，在管外通过燃烧煤气加热为过程提供热量。锰矿回转窑还原工艺通常采用煤粉做还原剂，将氧化锰矿粉与煤颗粒混合，采用电加热或者燃烧煤气外加热的方式为过程提供热量，由于氧化锰矿和煤粉颗粒较大，导致传热传质速率慢，同时由于煤炭颗粒与氧化锰矿颗粒固-固反应效率低，反应过程往往依赖于碳的气化反应产生的气相还原剂，致使还原温度高，通常都在 750～900℃，导致还原效率低、成本高。现有技术产能也不大，竖炉只达到 5000 吨/年，建一个 3 万吨锰/年的电解锰厂，需要几十个还原竖炉。当前回转窑还原氧化锰产能为 3 万吨/年，也需要几条回转窑才能满足 3 万吨锰/年的电解锰厂对原料的需求。因此，发展高效、规模化二氧化锰矿还原技术是电解金属锰行业的迫切需求。

8.4.1 反应原理及实验室小试结果

自然界的氧化锰矿物主要包括软锰矿（MnO_2）、硬锰矿（$rMnO \cdot MnO_2 \cdot nH_2O$）、褐锰矿（$Mn_2O_3$）、水锰矿（$MnOOH$）和黑锰矿（$Mn_3O_4$）等。由于

高价锰具有较强的氧化性，硫酸无法将高价锰还原为二价锰，需要先将氧化锰矿中的高价锰还原为二价锰氧化物才可利用。氧化锰还原化学反应如下：

$$MnO_2 + CO/H_2 \longrightarrow MnO + CO_2/H_2O \tag{8.15}$$

$$Mn_2O_3 + CO/H_2 \longrightarrow 2MnO + CO_2/H_2O \tag{8.16}$$

$$Mn_3O_4 + CO/H_2 \longrightarrow 3MnO + CO_2/H_2O \tag{8.17}$$

为了探明 MnO_2 还原的热力学条件，用 HSC 软件对 MnO_2 还原进行了化学平衡计算。首先计算了将 100kmol MnO_2 直接加热后的平衡组成，图 8.14 是计算结果，可见，单纯将 MnO_2 加热就会部分分解为 Mn_2O_3、Mn_3O_4、MnO，并放出 O_2，此方法常被用于特殊场合（如潜艇）O_2 制备。根据图 8.14 的结果，加热 100kmol MnO_2 至 1000℃，理论上可释放约 30kmol 的氧气，尽管如此，平衡组成中 MnO 含量也仅有约 5%，因此，单纯靠 MnO_2 分解无法获得高的 MnO 转化率。进一步计算了，H_2 还原 MnO_2 的平衡组成，图 8.15 显示计算结果，在 $H_2/MnO_2 = 1:1$ 的条件，在 250℃ 时，MnO_2 的热力学转化率就已达到 100%，但 MnO 的选择性仅有 90%，超过 400℃ 后，MnO 的转化选择性达到稳定值 97.8%，平衡产物中尚有少量的 Mn_3O_4。进一步增加还原剂用量，当 $H_2/MnO_2 > 1.5$ 时还原超过 400℃ 后，MnO 的转化选择性接近 100%。由此可见，MnO_2 还原在热力学上比较容易。

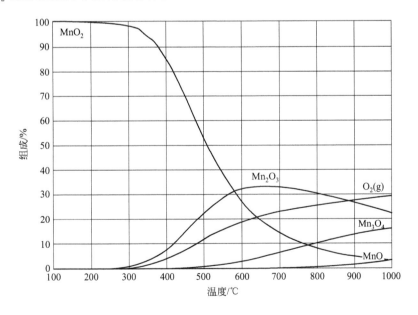

图 8.14　MnO_2 直接加热平衡组成与温度的关系

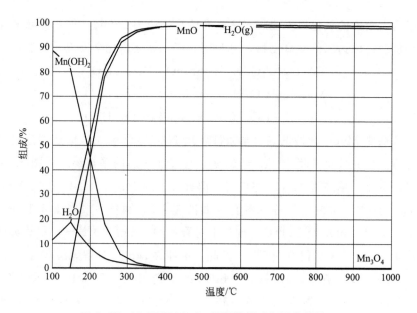

图 8.15 H₂ 还原 MnO₂ 的平衡组成与温度的关系

为了推进氧化锰矿还原工程应用，研究了氧化锰矿还原的宏观动力学。图 8.16 显示了 H_2 还原湖南省永州市某氧化锰矿的实验结果，锰矿粉粒度为 80～200 目，450℃下还原 5min，MnO_2 的转化率超过 90%，550℃下还原速度更快，还原 1min 后 MnO_2 的转化率超过 90%，超过 2min，MnO_2 转化率基本稳定在 97% 左右，可见，该氧化锰矿还原反应速率很快。我们对湖南省、贵州省和云南省的多种氧化锰进行了实验室还原实验，发现还原反应速率都很快，对于粒径小于 $150\mu m$（100 目）的矿粉，550℃还原 10min，MnO_2 的转化率都达到 100%，见图 8.17。

8.4.2　流化床反应器设计

基于氧化锰矿还原需求，合作企业九台集团与我们商定在云南江南锰业公司内建立 20 万吨/年的低品位氧化锰矿流态化还原产业化示范项目，以云南省文山州砚山县周边的低品位氧化锰矿资源，为云南江南锰业公司 3 万吨电解锰生产线提供原料。该 20 万吨项目于 2013 年 8 月启动，启动后的第一件事就是考虑还原流化床反应器设计。当时设计主要基于以下几点：①利用砚山县周边的低品位锰矿资源，氧化锰矿锰品位按 22%±2% 设计，处理量按 25t/h 设计；②还原时间按照 30min 设计，因为这是作者实施的第一个真正产业化示范项目，为了确保成功，避免还原不足导致锰回收率低的问题，停留时间设计比较保守，采取了比实

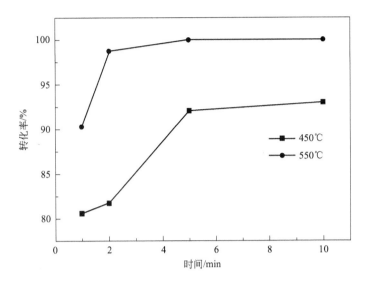

图 8.16　湖南永州某氧化锰矿 H$_2$ 还原结果

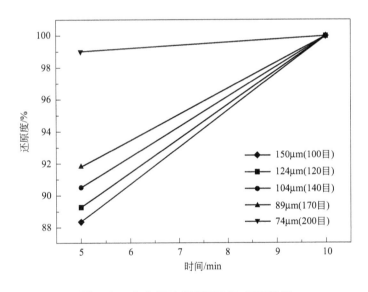

图 8.17　氧化锰矿 550℃下 H$_2$ 还原结果

验室还原时间长 2 倍的停留时间；③还原温度定在 720℃，选择这样的高温主要是为了避免还原矿再氧化，已有的研究表明，低温还原氧化锰矿比高温还原更容易氧化，如图 8.18 所示，500℃还原的氧化锰矿置于空气中一段时间，再氧化率接近 30％，而 700℃还原矿同样条件下再氧化率只有 3.4％，800℃还原矿则基本不会被再氧化。因此，高温及长时间更可保证 MnO_2 全部转化，确保项目成功；④采用纵向挡板调控颗粒停留时间分布，由于 MnO 是串联反应的最终产物（$MnO_2 \longrightarrow Mn_2O_3 \longrightarrow Mn_3O_4 \longrightarrow MnO$）而非中间产物，粗、细颗粒 MRT 调控相对不重要，通过挡板减少返混对提高转化率较为重要。

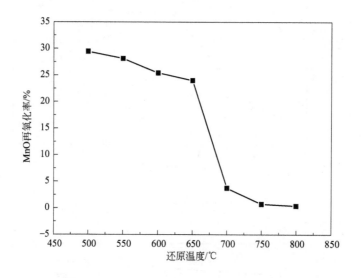

图 8.18 还原温度对还原氧化锰矿氧化的影响

根据上述原则，经讨论设计了如图 8.19（a）所示的还原反应器，当时考虑到方形容易布置纵向内构件，通过 3 个纵向内构件将流化床分隔为 4 个流化仓室，挡板在侧面交错开口使各仓室联通。为了防止气泡过分长大，在每个仓室中还设置了两层格栅挡板，主要用来破碎气泡。流化床上设扩大段，扩大段面积为流化段的 1.5 倍，以降低细粉的带出率，增加细粉在流化床内的停留时间。流化尾气带出细粉通过两级旋风分离器收集后返回流化床。图 8.19（b）显示了实际还原流化床。

8.4.3 运行结果

九台集团与中科院过程工程研究所于 2013 年 11 月签订 20 万吨/年氧化锰矿流态化还原项目设计合同，该项目由九台集团与云南江南锰业公司共同建立，于 2014 年 9 月完成土地平整和桩基浇筑，2015 年 4 月完成设备安装和厂房建设，2015 年 6 月中科院过程工程研究所科研人员进场开始冷热态调试。由于有前期万吨级钛精矿焙烧和 10 万吨/年难选铁矿磁化焙烧系统设计及调试经验，该 20 万

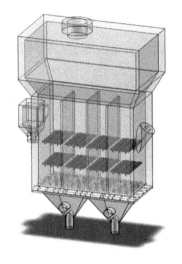

(a) 设计图

(b) 实际图

图 8.19　20 万吨/年低品位氧化锰矿还原流化床反应器示意图

吨系统调试过程进行的较为顺利，冷态调试大约花了不到 3 周时间，在对各设备进行了调校的基础上，很快就顺利地打通了全流程，物料可顺利地进出系统各设备，并能实现稳态运行。从 2015 年 7 月 7 日开始的热态调试进行得也很顺利，首次就连续稳定运行了十几个小时，图 8.20 是运行期间控制界面截屏，各仓室上下温度相差都在 5℃ 以内，各仓室间温度相差也在几度以内，显示了较好的流化状态，并且 MnO_2 还原率也超过了 90%。首次调试停车并不是因为流化系统问题，而是物料冷却不下来。按照设计，一台冷轧机应当能够将 25t/h、720℃ 的还原锰矿冷却到 100℃ 以下，但实际上物料出流化床仅 610℃、处理量在 20t/h 以内，冷却矿排出温度超过 200℃，导致后续提升设备难以长时间承受，不得不停车。首次热态调试后，又进行了几次以优化冷轧机操作为目的的热态调试，最终确认单台冷轧机无法满足焙烧矿冷却需求，因此，决定增加一台冷轧机，实际上，20 万吨系统热态调试过程中大部分精力都花在了焙烧矿冷却上。

　　除了焙烧冷却问题外，第一阶段热态调试还暴露出了其他问题，包括：①操作条件与设计条件相差较大，项目开始前，云南江南锰业认为很容易采购到锰品位 22% 左右的矿，但实际开始采购后，发现 22% 品位的氧化锰矿不易获得，周边有很多品位 16%～18% 的氧化锰矿。锰矿品位偏离设计值较大，这引起了两方面问题，一是流化床还原温度达不到 720℃，在使用 18% 品位矿时仅能够达到 620℃，而使用 16% 品位矿时只能达到 560℃；二是还原煤气量低于设计值，还原

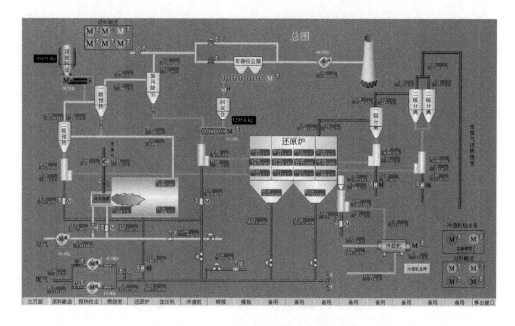

图 8.20　20 万吨锰矿调试结果截屏

炉原设计风量（标态）8000m³/h 以上，由于实际锰矿品位低于设计值，致使还原炉实际只能通入 5000～6000m³/h 的煤气（标态），由此造成流化床操作截面风速偏低，原设计截面风速 0.7m/s，由于风量和温度降低，大多数情况下实际操作截面风速仅 0.4m/s，导致有时流化质量欠佳。对于此问题，我们与合作企业进行了多次研讨，最后决定维持这种操作状态，一方面因为采购 22％ 左右品位氧化锰矿困难，另一方面也因为流化床在此条件下也勉强可操作。②企业早期测得的还原率仅 80％ 多一点（李洪钟 等，2020），与我们在实验室结果差距很大，还原率偏低问题困扰了我们很久，经过系统的研究，发现造成测定的还原率偏低的原因有很多方面，总结起来大致有以下五方面，一是分析方法问题，企业采用的快速分析方法被证明测定结果偏低；二是还原温度低于 500℃ 时，会导致还原率低，由于企业采购氧化锰矿品位及组成变化很大，有的原矿锰品位仅有 15％～16％，这会导致还原温度难以达到 500℃，低于 500℃ 下运行往往导致还原率低；三是磨矿细度问题，当进流化床中锰矿粉中含较高比例的＋100 目（＞147 μm）颗粒时，这部分粗颗粒会对还原率有一定的影响，后续通过调整磨矿工艺，将＋100 目颗粒比例控制在 5％ 以下，较好地解决了粗颗粒影响还原率的问题；四是锰矿含有不能还原/不用还原的含锰物相，由于企业采购的锰矿组成变化很大，有些锰矿中含有硅酸锰、铁酸锰等物相，这些物相既难还原，又难浸出（邵国强 等，2018），也导致生产线产品的锰还原率波动较大，有时还原率高有时还原率低；五是还原矿取样过程再氧化问题，由于生产线流化床温度一般只在550℃左右，还原锰矿比表面积大，容易氧化，再加上冷却矿温度偏高，即使增加一台冷轧机，出料温度仍超过100℃，取样过程很容易导致样品氧化。与此相对应的是，生产线上还原矿的锰浸出率并不低，调试第一阶段就接近90%，后来更是稳定在91%～95%（谢朝晖 等，2017），由此可推知 MnO_2 还原率超过95%。虽然早期合作企业认为还原率偏低，但经过与企业充分交流，说明了有时分析还原率低的原因，再加上生产线上锰的浸出率一直维持在较高的水平，最终合作企业也认为20万吨生产线锰矿的还原率没有问题，超过了合同约定的还原率95%的指标。

该20万吨产业化示范工程至今已稳定运行将近5年，随着运行组织和生产过程优化，系统消耗也在逐渐降低，其中综合煤耗（包括烘干煤耗和煤气发生炉的煤耗）从调试最初的每吨矿150千克（煤的热值约6000kcal/kg），降至前两年130kg，再到目前的不到100kg，还原系统的经济技术指标也持续优化。表8.4是20万吨工程流化床还原与竖炉还原和回转窑还原技术的对比（谢朝晖 等，2017；邵国强 等，2019），可以看出与竖炉和回转窑技术相比，作者开发的流化床还原技术无论是在产品浸出率、能耗、成本，还是在产能方面都具有十分突出的优势。该20万吨产业化示范工程不仅解决了合作企业云南江南锰业股份有限公司原料供应问题，为其创造了巨大的经济效益，还为云南省文山州大量低品位二氧化锰高效利用开辟了一条新路，并为当地新增就业约100人，产生了显著的社会效益。

表 8.4 流化床还原锰矿技术与竖炉及回转窑还原技术对比

项目	竖炉	回转窑	本项目
生产规模/（万吨/年）	0.3	3	20
还原温度/℃	850～900	750～850	500～600
还原时间/h	6～8	3～4	0.5
锰浸出率/%	85.2～89.3	84.8～94.1	91.1～95.2
综合煤耗/（kg/t）	180～270	190～230	90～100
电耗/（kWh/t）	20	25	25

8.5 氢氧化铝煅烧制备α-氧化铝应用

正如第1章所述，氢氧化铝流化床煅烧技术生产的氧化铝主要以γ-Al_2O_3 为主，主要用作电解金属铝的原料。在耐火材料、耐火浇注料、氧化铝耐磨料、高铝陶瓷等领域，需要的则是 $\alpha\text{-}Al_2O_3$。传统的 $\alpha\text{-}Al_2O_3$（有时称高温氧化铝）生产一般采用回转窑煅烧氢氧化铝获得，煅烧温度高达 $1350\sim1450\,^{\circ}\mathrm{C}$，国内主要有中铝山东公司和长城铝业公司生产。现有的回转窑煅烧在技术上仍存在一定的局限性，具体表现为：①温度均匀性控制困难，容易引起物料局部高温，导致部分晶粒异常长大，极大影响产品整体质量；②由于回转窑是大型转动设备，其自身的特殊性造成窑内烧成带温度不易直接测量，而合理地控制煅烧制度是获得合格 $\alpha\text{-}Al_2O_3$ 产品的关键，在实际操作中，为减少高温煅烧氧化铝的飞扬，降低物料消耗，通常窑内通风状况不理想，窑尾温度偏高，造成晶粒度和真比重偏高；③产量变化、块料量以及窑体转速对产品质量影响较大；④能耗高，产量低，如山东铝厂 $2.5\mathrm{m}\times56\mathrm{m}$ 高温氧化铝煅烧窑，年产 $\alpha\text{-}Al_2O_3$ 仅 $45000\mathrm{t}$（孙林贤，1997；刘吉 等，2012）；⑤运转设备多，故障率高，维修费用大；⑥难以控制产品中 $\alpha\text{-}Al_2O_3$ 含量，现有技术生产产品几乎 100% 是 $\alpha\text{-}Al_2O_3$，而在做重熔氧化铝时，要求产品 $\alpha\text{-}Al_2O_3$ 控制在一定范围内，比如 $50\%\sim70\%$，这很难通过回转窑煅烧实现。

国内不少单位，如中铝山东工程技术公司、沈阳铝镁院等一直想开发一种能控制产品 $\alpha\text{-}Al_2O_3$ 含量的煅烧技术，中铝山东工程技术公司在了解到作者关于流化床停留时间调控相关工作后，主动接洽，希望我们为他们开发一套 $\alpha\text{-}Al_2O_3$ 含量可控的煅烧技术，并且说明因后续重熔氧化铝工艺还在优化，$\alpha\text{-}Al_2O_3$ 最佳含量还没有最终确定，因此要求开发的流化床煅烧技术能实现 $\alpha\text{-}Al_2O_3$ 在 $50\%\sim70\%$ 可调，产品比表面积不小于 $15\mathrm{m}^2/\mathrm{g}$。本节介绍的工作，正是与中铝山东工程技术公司就该项技术开发产生的相关结果，也是作者关于流化床颗粒停留时间调控基础研究的一次成功应用。

8.5.1　工艺条件探索

由于未查到采用流化床进行 $\alpha\text{-}Al_2O_3$ 含量可控煅烧的研发报道，在进行反应器设计之前，尚需测定 $\alpha\text{-}Al_2O_3$ 含量与煅烧温度及时间的关系。图 8.21 是在实验室流化床上测定的煅烧时间和温度对 $\alpha\text{-}Al_2O_3$ 含量的影响，测定中使用的 $Al\,(OH)_3$ 由中铝山东工程技术公司提供，可见在 $1170\,^{\circ}\mathrm{C}$ 下，$\alpha\text{-}Al_2O_3$ 含量随煅烧时间延长几乎线性增加，从 $0.5\mathrm{h}$ 的约 15% 增加到 $3\mathrm{h}$ 的约 75%，控制煅烧时间可以很好地控制 $\alpha\text{-}Al_2O_3$ 含量。当煅烧温度为 $1200\,^{\circ}\mathrm{C}$ 时，$\alpha\text{-}Al_2O_3$ 含量生成速度大幅提高，$2\mathrm{h}$ 时即可到达约 77%，$3\mathrm{h}$ 达到了 88%。从这些实验结果来看，煅烧温度可设定在 1200℃ 左右，煅烧时间 1～2h。除了 $\alpha\text{-Al}_2\text{O}_3$ 含量外，产品比表面积（BET）为主要关注指标，合作企业希望产品 BET 大于 $15\text{m}^2/\text{g}$，为此，也专门研究了煅烧温度对产品 BET 的影响，图 8.22 是实验结果，可见产品 BET 面积随煅烧温度升高几乎线性地减少，当煅烧温度从 1100℃ 增加到 1200℃ 时，产品比表面积从约 $40\text{m}^2/\text{g}$ 降到约 $18\text{m}^2/\text{g}$，由此可见，只要保持煅烧温度在 1200℃ 以内，保证产品 BET 大于 $15\text{m}^2/\text{g}$ 应该容易满足。

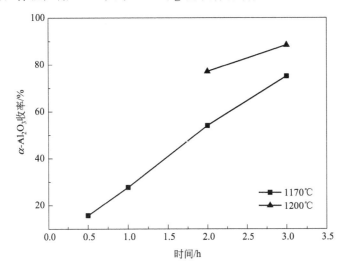

图 8.21　煅烧温度和时间对 $\alpha\text{-Al}_2\text{O}_3$ 的影响

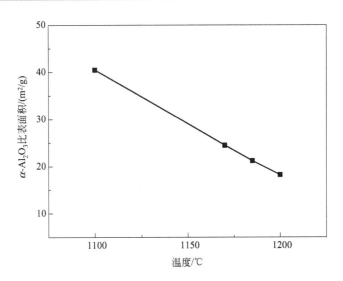

图 8.22　煅烧温度对产品比表面积的影响（煅烧时间 2h）

8.5.2 流化床反应器设计

此流化床反应设计的主要难点有两个，一是反应温度高，基本没有金属材料可以在1200℃下长期工作，内构件和风帽采用什么材质、如何设计？二是如何实现 α-Al_2O_3 含量在 $50\%\sim70\%$ 调节。对于 α-Al_2O_3 含量调节，主要通过调节颗粒的平均停留时间和停留时间分布来实现，这一方面可以通过调节煅烧温度，也可以调节煅烧时间，即调节颗粒的 MRT，这要求流化床床层操作压降具有一定的可调范围，当然，还可以两个参数都调节。由于氢氧化铝煅烧生产 α-Al_2O_3 反应比较简单，设计过程主要考虑调节停留时间分布，减少返混，因此考虑通过内构件将流化床分成不同的仓室，这可通过在流化床中设置纵向挡板来实现，8.4节锰矿还原过程挡板由耐热钢制作，由于本节应用要求煅烧温度达到 1200℃，很难找到金属材料可长期在此温度下使用，为了解决此问题，作者提出采用耐火材料制作纵向内构件，为了保持耐火材料制作的纵向内构件的稳定性，进一步提出采用三个耐火材料制作的圆柱形流化床相切的方案，如图 8.23 所示。在第一、二流化床耐火材料相切处上部和第二、三流化床耐火材料相切处下部分别开口，作为仓室间的联通通道。这种设计不仅解决了耐火材料内构件稳定性问题，还可解决 8.4 节锰矿还原方形流化床（见图 8.19）存在四角流化不充分问题。要使颗粒平均停留时间可调，仅有内构件减少返混还不够，流化床还要能够调节床层压降（床中料藏量），也就是要能调节浓相段高度，为此，在流化床出口高度以上专门再设置一段高度，以便需要延长颗粒 MRT 时，可以通过出料控制增加浓相段高度。由于产品要求 α-Al_2O_3 含量在 $50\%\sim70\%$ 可调，且 α-Al_2O_3 含量与颗粒的 MRT 基本成线性关系，因此出料口以上高度取其下部至分布板高度的 50%，再配合以温度，应当能够很好地调节颗粒的 MRT，进而实现 α-Al_2O_3 的调控。

该流化床反应器设计的另一个难点用什么材质制作风帽，设计之初也讨论过采用无分布板设计，但感觉那样操作和运行不如有分布板和风帽稳定。为了解决钢材耐温问题，作者提出在分布板和风帽上铺上一层厚约 200mm 的氧化铝球隔热和布风，风帽采用 2520 耐热钢制作，氧化铝球可以采用高炉热风炉的高铝球，直径 40mm。流化气体通过热风炉预热到 800℃ 左右进入流化床。同时，为了防止因氧化铝球气体均布问题，流化床下部采用锥形床设计，以保证流化气体在底部有较高的截面风速，防止在流化床底部出现死床。

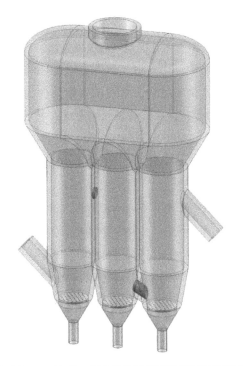

图 8.23　α-Al_2O_3 含量可控煅烧流化床反应器示意图

8.5.3　工艺流程设计及运行结果

高温除了给流化床反应器设计带来困难外，系统供热也是个大问题，为了解决 1200℃ 左右煅烧的供热问题，采取了两个主要措施，一是将煅烧流化床分为两个流化床，即设置预煅烧炉和煅烧炉，以分散热量供给，避免一个流化床供热负荷太大；二是在流化床中设置烧嘴，通过燃烧煤气或天然气来直接供热，为了避免烧嘴对流化过程产生不利影响，在流化床锥形段结束处沿周边设置 4~8 个烧嘴，以降低每一个烧嘴的气量。

流程设计考虑的另一个重要问题是充分利用系统余热，尽量降低系统能耗。余热中大部分是 1200℃ 高温产品的显热，充分利用这部分显热是降低系统能耗的关键，基于作者前期产业化示范工程粉矿旋风预热经验，决定采用空气在旋风分离器中与高温产品逆流换热，在冷却高温产品的同时加热空气。热空气可以用作预煅烧炉的流化风。煅烧炉的流化尾气直接进入预煅烧炉，预煅烧炉排出的高温尾气则用于加热冷矿，这样充分回收煅烧尾气的显热。通过对高温产品和高温尾气显热的充分回收，使系统能耗尽可能降低。基于上述理念设计的工艺流程图如图 8.24 所示。氢氧化铝原料由料仓经进料螺旋输送至文丘里干燥器的下部，在文丘里干燥器中脱除游离水和少部分结晶水后，进入两级旋风预热器中与高温尾气逆流换热；从第二级旋风预热器排出后进入预煅烧炉，在预煅烧炉中完成氢氧化铝完全分解、氧化铝粉体升温和预煅烧，通过在预煅烧炉中设置烧嘴燃烧天然气给预煅烧炉供热，预煅烧炉温度控制在1100～1200℃；从预煅烧炉排出进入煅烧炉，在煅烧炉中完成$\alpha\text{-Al}_2\text{O}_3$的生成和调控，煅烧炉温度由设置于床中的烧嘴燃烧天然气控制，煅烧炉温度控制在1150～1200℃；由煅烧炉排出的产品进入多级旋风冷却器，与空气逆流换热，将产品冷却至200℃左右；最后经流化床冷却器冷却至100℃进入成品料仓，流化床冷却器中设有水冷管，冷却器排出的尾气进入旋风冷却器。旋风冷却器排出的高温气体进入预煅烧炉，作为预煅烧的一部分流化风。另一路空气经热风炉加热后进入煅烧炉，从煅烧炉排出后从底部经分布板进入预煅烧炉，预煅烧炉排出的高温尾气则用于加热和分解氢氧化铝。通过上述流程，实现了系统总固相粉体和气相尾气显热的充分利用，降低了系统能耗。

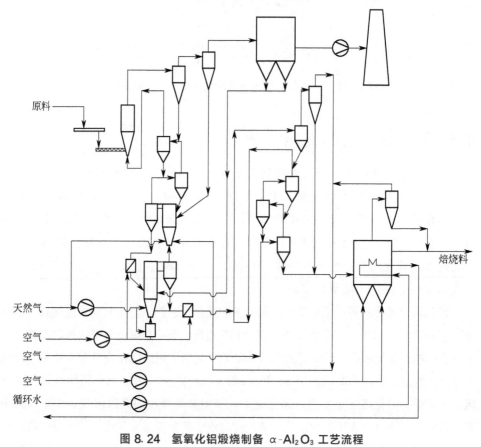

图 8.24　氢氧化铝煅烧制备 $\alpha\text{-Al}_2\text{O}_3$ 工艺流程

　　上述流化床反应器与流程设计得到了中铝山东工程技术公司的高度认可，为此，中铝山东工程技术公司与中科院过程工程研究所于 2017 年 11 月签订技术开发合同，由我们为其提供 400t/d 的氢氧化铝煅烧制备 α-Al$_2$O$_3$ 技术及设计，该项目于 2018 年 7 月左右完成建设（见图 8.25），进入调试阶段。由于中铝山东工程技术公司本身具有多年设计、建造和调试氢氧化铝煅烧项目经验，所以，整体调试过程不需要我方太多参与，只在遇到问题时我方派人两次参与问题分析，并提出了解决方案。该示范工程调试过程总体较为顺利，在 2018 年 12 月左右就开始进入正常生产，调试成功后企业不愿意向我方提供太多生产数据，只是反馈说停留时间调控较为成功，通过温度和床压调节，不仅可使产品 α-Al$_2$O$_3$ 含量在 50%～70% 间调节，满足合同要求，还可使产品 α-Al$_2$O$_3$ 含量在 35%～70% 调节，满足其后续板状刚玉生产对产品 α-Al$_2$O$_3$ 含量的不同要求。

图 8.25　氢氧化铝煅烧制备 α-Al$_2$O$_3$ 工程现场照片

参 考 文 献

李洪钟，朱庆山，谢朝晖，等，2020. 流化床结构传递理论与工业应用. 北京：科学出版社.

李同庆，2008. 低品位软锰矿还原工艺技术与研究进展. 中国锰业，26（2）：4-13.

卢国贤，袁爱群，周泽广，等，2014. 2种回转窑工艺还原低品位软锰矿的效果评价. 中国锰业，32（3）：25-29.

刘吉，杨再明，罗亚林，等，2012. 循环流化床焙烧生产高温氧化铝. 有色金属工程，4：36-40.

邵国强，朱庆山，谢朝晖，等，2018. 含锰磁铁相还原氧化锰矿的浸出工艺. 中国粉体技术，24：36-40.

邵国强，朱庆山，谢朝晖，等，2019. 流态化低温还原氧化锰矿工艺的特点. 中国粉体技术，25：87-92.

孙林贤，1997. 加速技术改造发展多品种氧化铝. 云南冶金，26（4）：66-68.

孙朝晖，周家琮，杨仰军，2001. 攀钢氮化钒钛技术的发展及市场前景. 钢铁钒钛，22（4）：57-60.

谭柱中，梅光桂，李维建，等，2004. 锰冶金学. 长沙：中南大学出版社.

田宗平，李建文，曹建，2012. 新型二氧化锰还原炉的设计与应用. 无机盐工业，44（3）：47-49.

汪超，韦林森，吴封，等，2018. 从还原窑尾气中回收钒氧化物的工艺比较. 铁合金，275：38-40.

谢朝晖，朱庆山，邵国强，等，2017. 氧化锰矿流态化还原技术的工业应用实践. 中国锰业，35（4）：85-88.

余永富，张汉泉，祁超英，等. 难选氧化铁矿石的旋流悬浮闪速磁化焙烧-磁选方法. 中国发明专利申请，申请号：200510019917.7，2005 年 11 月 29 日.

严旺生，高海量，2009. 世界锰矿资源及锰矿业发展. 中国锰业，27（3）：6-11.

张帆，孙朝晖，鲜勇，等，2012. 还原工艺对 V_2O_3 产品中 TV 的影响研究. 铁合金，227：12-15.

朱庆山，李洪钟，2014. 低品位复杂铁矿流态化焙烧技术现状与发展趋势. 化工学报，65：2437-2442.

朱庆山，谢朝晖，李洪钟，等，2009. 对难选铁矿石粉体进行磁化焙烧的工艺系统及焙烧的工艺：CN ZL200710121616.4. 2009-03-18.

周建军，朱庆山，王化军，等，2009. 鲕状赤褐铁矿流化床磁化焙烧-磁选工艺研究. 过程工程学报，9（2）：307-313.

Kwauk M，1979. Fluidized roasting of oxidic Chinese iron ores. Scientia Sinica，22：1265-1291.

Hu C Q，He Y F，Liu D F，et al，2020. Advances in mineral processing technologies related to iron，magnesium，and lithium. Rev. Chem. Eng. ，36：107-146.